高等院校互联网+新形态创新系列教材·计算机系列

U0168189

中文版 Photoshop CC 平面设计教程
(微课版)

徐 鸣 编 著

清华大学出版社

北 京

内 容 简 介

本书以 Photoshop CC 2017 为制作平台，从零开始讲解 Photoshop 的各种知识和操作方法，同时在讲解过程中插入不同的实例，难度随着内容的深入而逐渐增加。本书共分为 14 章，第 1、2 章主要介绍图像处理基础知识及 Photoshop CC 2017 的使用；第 3 章到第 12 章主要介绍 Photoshop CC 2017 的常用功能，包括选区的使用、绘图工具的应用、修图工具的应用、图像编辑、色彩及色彩调整、图层的使用、路径与形状的应用、文字的处理、通道和蒙版的应用、滤镜的应用；第 13 章主要介绍动作的处理；第 14 章主要介绍综合实例的制作过程。为方便教学和使用，本书对教师用户免费赠送电子课件，作为微课版教材同时还配套微视频讲解、习题答案、素材和实例源文件。

本书可作为高等院校数字媒体、平面设计类等计算机相关专业的教材，同时也可供 Photoshop 的初学者及具有一定基础的爱好者阅读参考。

图书在版编目(CIP)数据

中文版 Photoshop CC 平面设计教程：微课版/徐鸣编著. —北京：清华大学出版社，2022.11(2024.8重印)

高等院校互联网+新形态创新系列教材. 计算机系列

ISBN 978-7-302-61879-9

Ⅰ. ①中… Ⅱ. ①徐… Ⅲ. ①平面设计—图像处理软件—高等学校—教材 Ⅳ. ①TP391.413

中国版本图书馆 CIP 数据核字(2022)第 173366 号

责任编辑：桑任松
封面设计：李 坤
责任校对：吕丽娟
责任印制：曹婉颖
出版发行：清华大学出版社
    网　　　址：https://www.tup.com.cn, https://www.wqxuetang.com
    地　　　址：北京清华大学学研大厦 A 座　　邮　　编：100084
    社 总 机：010-83470000　　邮　　购：010-62786544
    投稿与读者服务：010-62776969, c-service@tup.tsinghua.edu.cn
    质量反馈：010-62772015, zhiliang@tup.tsinghua.edu.cn
    课件下载：https://www.tup.com.cn, 010-62791865
印 装 者：涿州市般润文化传播有限公司
经　　销：全国新华书店
开　　本：185mm×260mm　　印　　张：16　　字　　数：384 千字
版　　次：2022 年 12 月第 1 版　　印　　次：2024 年 8 月第 2 次印刷
定　　价：49.00 元

产品编号：096292-01

前　　言

Adobe 公司开发的平面设计与制作软件 Photoshop，是目前公认的、最好的平面设计软件之一。自推出之日起，它一直受到广大平面设计人员的青睐。近几年推出的 Photoshop CC 2017 版本，在保持了图像编辑处理方面的强大功能的同时，还提供了更多人性化的操作方法，如增强的文件浏览器、自定义快捷键等。Photoshop 不仅具有极强的图形图像处理功能，同时还具有极佳的图像润饰能力。

为了帮助 Photoshop 的初学者在短时间内熟练掌握平面设计知识及操作技巧，特编写了本书。

1. 本书内容

本书共分为 14 章，各章主要内容说明如下。

第 1 章讲述图像处理基础知识，包括像素、分辨率、图像类型、图像的常用格式等。

第 2 章讲述 Photoshop CC 2017 的使用，包括 Photoshop CC 2017 的安装、卸载、启动和退出，图形图像文件的基本操作，以及 Photoshop CC 2017 的界面调整。

第 3 章讲述选区的使用，包括选区的基本概念、选框工具、套索工具(组)、智能选择工具，以及选区的修改编辑、选区的存储与载入。

第 4 章讲述绘图工具的应用，包括画笔工具、画笔工具的选项设置，以及油漆桶工具、渐变工具等。

第 5 章讲述修图工具的应用，包括图章工具、局部修复工具、橡皮擦工具组，涂抹、模糊及锐化工具，减淡、加深及海绵工具等。

第 6 章讲述图像编辑，包括图像的尺寸和分辨率、基本编辑命令、图像的旋转和变换，以及还原和重做图像。

第 7 章讲述色彩及色彩调整，包括色彩的基本概念、颜色模式与转换、色彩的调整、图像的亮度与对比度调整、图像的色相与饱和度调整、图像局部的颜色调整技术，以及图像色彩的特殊调整技术。

第 8 章讲述图层的使用，包括图层的概念和"图层"面板、图层编辑操作、图层样式、图层混合选项、填充图层与调整图层的运用，以及图层蒙版的应用。

第 9 章讲述路径与形状的应用，包括路径的概念和"路径"面板、绘制路径、编辑路径，以及形状工具的基本功能和绘制形状。

第 10 章讲述文字的处理，包括文字工具、文字编辑、文字效果等。

第 11 章讲述通道和蒙版的应用，包括通道的应用、蒙版的应用、图像的混合运算等。

第 12 章讲述滤镜的应用，包括滤镜的概念、艺术效果滤镜、模糊滤镜、画笔描边滤镜、扭曲滤镜、像素化滤镜、渲染滤镜等。

第 13 章讲述动作的处理，包括动作的基本概念、动作的录制和编辑、执行动作、批处理等。

第 14 章介绍 4 个综合实例，包括化妆品写真、制作汽车海报、制作图标、制作水裙效果，使读者更进一步熟悉并掌握所学内容。

本书除讲解基础知识外，更加注重讲解图像处理的艺术性，系统、全面地示范了一些具有代表性的实例，让最终的制作效果更加符合时代的审美要求。

2. 本书特色

本书具有以下特色。

(1) 突出重点，理论与实践相结合。使读者在学习完相关理论后，能在实际操作过程中尽快理解并掌握所学内容。

(2) 实用性强。本书列举了特别常见的图像处理例子，使读者能轻松理解所学知识并掌握相关操作技巧。

(3) 内容丰富、实例典型、步骤详细、通俗易懂。即使是初学者，只要按照本书各绘图实例给出的步骤进行操作，也能够绘出相应的图形，从而逐渐系统地掌握 Photoshop CC 2017 最实用的知识。

(4) 与时俱进。本书多以当下流行的案例为主要制作目标，如图标制作、汽车海报制作等，具有较高的学习价值。

3. 读者对象

本书适合的读者群如下。

(1) Photoshop 的初学者。

(2) 大中专院校学习 Photoshop 软件的学生。

(3) 具有一定 Photoshop 基础的爱好者。

限于编者水平，书中的细节问题难免存在纰漏，恳请并感谢同行及读者斧正，以使本书更趋完善。

编　者

读者资源下载

教师资源服务

目　录

第 1 章

图像处理基础知识

　　Photoshop 是当今流行的图形图像处理软件，应用十分广泛。近年来，Adobe 公司推出了 Photoshop CC 2017 软件，此版本不但保持了原版本中图像编辑处理的超强功能，还在照片处理、文字处理、图层管理、操作界面等方面进行了创新。使用新功能可以提高工作效率，设计出精美的图像。

　　在学习 Photoshop CC 2017 之前，有必要了解最常用的图像处理概念与基本理论，如像素、分辨率、图像类型、图像的常用格式等。

1.1 像素

在图像处理中经常会遇到"像素"这个词语，在指定图像的大小时也通常以像素为单位。

像素(pixel)实际上是投影光学上的名词，在计算机显示器和电视机的屏幕上都使用像素作为基本度量单位，同样它也是组成图像的基本单位。换句话说，可以将每个像素都看作一个极小的颜色方块。一幅位图图像通常由许许多多的像素组成，它们全部以行与列的方式分布，当图像放大到足够大的倍数时，就可以很明显地看到图像是由一个个不同颜色的方块排列而成的(也就是通常所说的马赛克效果)，每个颜色方块分别代表一个像素。如图 1-1 所示，图片中的鸟身上的色彩由多个色块组成。由此可见，文件包含的像素越多，所存储的信息就越多，文件就越大，图像也就越清晰。

图 1-1　像素

1.2 分辨率

分辨率是用于度量位图图像内数据量多少的参数，通常用 ppi(每英寸像素)表示。图形(或图像)文件包含的数据越多，容量就越大，也越能表现丰富的细节。但更大的文件也需要耗用更多的计算机资源。假如图像包含的数据不够充分(图像的分辨率较小)，图像就会显得粗糙，特别是把图像放大为较大尺寸观看的时候尤为明显。

💡 **注意:** 在图片创建期间，我们必须根据图像最终的用途确定适当的分辨率。这里的技巧是要首先保证图像包含足够多的数据，能满足最终输出的需要，同时也要适量，尽量少占用计算机资源。

在使用 Photoshop 进行图形图像设计时，通常将分辨率分为图像分辨率和输出分辨率两种。

1. 图像分辨率

图像分辨率是指图像在一个单位长度内所包含的像素个数，一般以 1 英寸(1 英寸=2.54 厘米)包含的像素数量来计算(英文单位是 pixel/inch，缩写为 ppi)。例如，图像的分辨率是 72 ppi，也就是在 1 平方英寸的图像中有 72×72=5184 个像素。分辨率越大，输出的结果越清晰；相反则越模糊。另外，分辨率的大小还决定了图像容量的大小。分辨率越大，信息容量越大，文件也越大。图像尺寸、像素数目、分辨率三者的关系可以通过下面的公式来表示。

$$图像尺寸=像素数目/分辨率$$

在像素固定的情况下，如果提高分辨率，可以使图像比较清晰，但尺寸会变小；如果降低分辨率，会使画质比较粗糙，但图像会变大。

2. 输出分辨率

输出分辨率是指图形或图像输出设备的分辨率，一般以每英寸含多少点来计算(英文单位是 dot/inch)，缩写为 dpi(dots per inch)。在实际的设计工作中，一定要注意保证图形或图像在输出之前的分辨率，而不要依赖设备的高分辨率输出来提高图形或图像的质量，因为分辨率还与图像打印的大小有关，如图 1-2 所示。

(a) 分辨率为 72 ppi   (b) 分辨率为 150 ppi

图 1-2 分辨率不同打印的效果也不同

💡 **注意：** dpi 与 ppi 都可以用来表示分辨率，它们的区别在于：dpi 是指在每英寸中表达出的打印点数，而 ppi 是指在每英寸中包含的像素。大多数用户都以打印出来的单位来度量图像的分辨率，因此通常以 dpi 作为分辨率的度量单位。

在打印图像时，一定要认真调整分辨率，因为分辨率的大小直接影响图像输出的效果。分辨率太小，会导致图像粗糙，在打印输出时图像模糊，而使用较大的分辨率会使图像文件变大，并且降低图像的打印速度。在日常工作中，经常需要设置图像的分辨率，应用的分辨率参考标准如下所示。

◎ 在 Photoshop 中，系统默认的显示分辨率为 72 ppi。

◎ 发布于网络上的图像分辨率通常为 72 ppi 或 96 ppi。

◎ 报纸杂志的图像分辨率通常为 120 ppi 或 150 ppi。

◎ 彩版印刷的图像分辨率通常为 300 ppi。

◎ 大型灯箱图像的分辨率一般不低于 30 ppi。

◎ 一些特大的墙面广告等的分辨率有时可设定在 30 ppi 以下。

💡 **注意：** ppi 和 dpi 经常会出现混用现象。从技术角度说，"像素"(pixel，p)只存在于计算机显示领域，而"点"(dot，d)只出现于打印或印刷领域。

1.3 图像类型

在使用 Photoshop 对图像进行处理之前，需要分析图像的类型。图像可以分为两种：矢量图和位图。这两种格式的图像各有特点，在进行图像处理时，通常将这两种图像交叉运用。

1. 矢量图

矢量图也称为向量图(一般称为图形)，也就是使用直线和曲线来描述的图像，组成矢量图中的图形元素称为对象。每个对象都是一个自成一体的实体，这个实体具有颜色、形状、轮廓、大小、屏幕位置等属性。

既然每个组成对象都是一个自成一体的实体，就可以在维持图像原有清晰度和弯曲度的同时，多次移动和改变属性，而不会影响矢量图中的其他对象。这些特征使基于矢量的程序特别适用于图例和三维建模，因为它们通常要求能创建和操作单个对象。基于矢量的绘图同分辨率无关，这意味着矢量图可以按最高分辨率显示到输出设备上。

矢量图的基本组成单元是锚点和路径，适用于制作企业徽标、招贴广告、书籍插图、工程制图等。矢量图一般是直接在计算机上绘制而成的，可以制作或编辑矢量图的软件有 Illustrator、Freehand、AutoCAD、CorelDRAW、Microsoft Visio 等。

2. 位图

位图也称为点阵图(一般称为图像)。位图使用带颜色的小点(也就是像素)描述图像，位图创建的方式类似于马赛克拼图。当用户编辑点阵图像时，修改的是像素而不是直线和曲线。位图图像和分辨率有关。位图的优点是图像很精细(精细程度取决于图像的分辨率大小)，且处理方式也较简单和方便。位图最大的缺点是不能任意放大显示或印刷，否则会出现锯齿边缘和类似马赛克的效果，如图 1-3 所示。

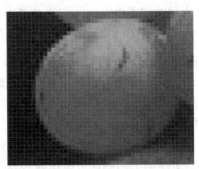

图 1-3　位图的马赛克效果

Photoshop 适于处理位图图像，可以优化细节，以增强图像效果。

一般情况下，位图都是通过扫描仪或数码相机得到的图片。由于位图是由一连串排列的像素组合而成，并不是独立的图形对象，因此不能单独编辑图像中的对象。如果要编辑其中部分区域的图像时，就要精确地选取需要编辑的像素，然后再进行编辑。能够处理这类图像的软件有 Photoshop、PhotoImpact、Windows 的"画图"程序、Painter 和 CorelDRAW 软件包内的 Corel PhotoPaint 等。

注意：① 位图的特点：由于位图是利用许多颜色以及色彩间的差异来表现图像，因此可以很细致地表现出色彩的差异性。

② 位图与矢量图的区别：位图编辑的对象是像素，而矢量图编辑的对象是记载颜色、形状、位置等属性的物体。

③ 由于计算机显示器只能在网格中显示图像，因此矢量图形和位图图像在屏幕上均显示为像素。

1.4　图像的常用格式

图像的文件格式是指计算机中存储图像文件的方法，它们代表不同的图像信息(图像类型、色彩数、压缩程度等)，对于图像最终的应用领域起着决定性的作用。文件格式是通过文件的后缀名来区分的，主要用于标识文件的类型。如基于 Web 应用的图像文件格式一般是*.jpg 格式和*.gif 格式等，而基于桌面出版应用的文件格式一般是*.tif 格式和*.eps 格式等。在 Photoshop 中能支持 20 多种格式的图像文件，即 Photoshop 可以直接打开多种格式的图像文件并对其进行编辑、存储等操作。

在 Photoshop 中，可以执行"文件"|"存储"菜单命令(或按 Ctrl+S 组合键)，或执行"文件"|"存储为"菜单命令(或按 Shift+Ctrl+S 组合键)，打开"另存为"对话框，在"保存类型"下拉列表框中，可以选择文件格式，如图 1-4 所示。

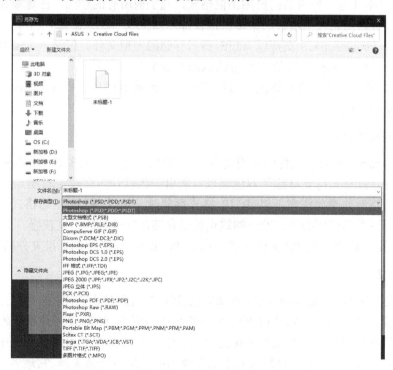

图 1-4　"另存为"对话框

1．Photoshop 文件格式(简称 PSD/PDD 格式)

对于新建的图像文件，PSD 文件格式是 Photoshop 默认的文件格式，而且是除大型文档格式(PSB)之外支持大多数 Photoshop 功能的唯一格式，可以支持 Alpha 通道、专色通道、多种图层、剪贴路径、任何一种色彩深度和任何一种色彩模式，可以存储图像文件中的所有信息，可随时进行编辑和修改，是一种无损存储格式。

以*.psd 或*.pdd 文件格式保存的图像没有经过压缩，特别是当图层较多时，会占用很大的硬盘空间。

2．Photoshop EPS 文件格式

EPS 文件格式是一种压缩的 PostScript(EPS)语言文件格式，可以同时包含矢量图形和位图图像，被几乎所有的图形、图表和页面排版程序所支持。EPS 格式用于在应用程序之间传递 PostScript 语言图片。当要将图像置入 CorelDRAW、Illustrator、PageMaker 等软件中时，可以先把图像存储为 EPS 格式。当打开包含矢量图形的 EPS 文件时，Photoshop 将栅格化图像，并将矢量图形转换为像素。

EPS 文件格式是一种通用的行业标准格式，可同时包含像素信息和矢量信息。它支持剪贴路径(在排版软件中可产生镂空或蒙版效果)，但不支持 Alpha 通道。

3．TIFF 文件格式

TIFF 文件格式是一种灵活的位图图像格式，几乎被所有的绘画、图像编辑和页面排版应用程序所支持，而且几乎所有的桌面扫描仪都可以生成 TIFF 图像。TIFF 文件可以达到 4GB 或更多。Photoshop CS 支持以 TIFF 格式存储的大型文件。但是，大多数其他应用程序和旧版本的 Photoshop 不支持大小超过 2GB 的文件。

TIFF 格式是一种无损压缩格式，可以支持 Alpha 通道信息、多种 Photoshop 的图像颜色模式、图层和剪贴路径。

4．BMP 文件格式

BMP 是 Microsoft 公司软件的专用文件格式。此格式兼容于大多数 Windows 和 OS/2 平台的应用程序。此格式可支持除了双色调以及索引颜色以外的许多色彩模式，在 Windows 操作系统中可以制作桌面图案。以 BMP 格式存储时，使用 RLE 压缩格式，可以节省空间而不会破坏图像的任何细节，唯一的缺点就是存储及打开时的速度较慢。

BMP 是最普遍的位图图像文件格式，也是 Windows 系统下的标准文件格式。

5．GIF 文件格式

GIF 是在万维网(world wide web，WWW)及其他联机服务上常用的一种文件格式，用于显示超文本标记语言(HTML)文档中的索引颜色图形和图像。GIF 是一种用 LZW 压缩的文件格式，目的在于最小化文件大小和传输时间。GIF 格式保留索引颜色图像中的透明度，但不支持 Alpha 通道。GIF 文件格式对于颜色少的图像是不错的选择，它最多只能容纳 256 种颜色，常用于网络传输，并且可以制作 GIF 动画。现今的 GIF 格式仍只能达到 256 色，但它的 GIF89a 格式能存储为背景透明的形式，并且可以将数张图片存储成一个文件，形成动画效果。

6. JPEG(JPG)文件格式

JPEG 格式是一种有损压缩文件格式，是在万维网(WWW)及其他联机服务上常用的一种格式，用于显示超文本标记语言(HTML)文档中的照片和其他连续色调图像。JPEG 格式支持 CMYK、RGB 和灰度颜色模式，但不支持 Alpha 通道。与 GIF 格式不同，JPEG 格式保留 RGB 图像中的所有颜色信息，但通过有选择地扔掉数据来压缩文件大小。

JPEG 图像在打开时自动解压缩。压缩级别越高，得到的图像品质越低；压缩级别越低，得到的图像品质越高。在大多数情况下，选择"最佳"品质选项产生的结果与原图像几乎无分别。

7. PNG 文件格式

PNG 文件格式是由 Adobe 公司针对网络用图像新开发的文件格式，目的是取代现今被广泛使用的 GIF 格式及 JPEG 格式。它结合了 GIF 与 JPEG 格式的特性，可以用破坏较少的压缩方式，并可利用 Alpha 通道做去掉背景的操作，是功能非常强大的网络用文件格式。但是，某些 Web 浏览器不支持 PNG 图像。

目前，最常使用 PNG 的情况就是将去掉背景的图像存储为 PNG 格式，然后置入 Flash 中制作 Flash 文件。

8. PSB 文件格式

大型文件格式 PSB 支持宽度或高度最大为 300 000 像素的文件。PSB 格式支持所有 Photoshop 功能(如图层、效果、滤镜等)。目前，如果以 PSB 格式存储文件，则只有在 Photoshop CS(或 CC)中才能打开该文件，其他应用程序和旧版本的 Photoshop 软件无法打开以 PSB 格式存储的文件。

💡 **注意：** ① 其他大多数应用程序和旧版本的 Photoshop 软件无法支持大小超过 2GB 的文件。

② 必须先执行"编辑"|"预设"|"文件处理"菜单命令，在"文件处理"对话框中选择"启用大型文档格式(.psb)"选项，才能以 PSB 格式存储文档。

本 章 小 结

本章详细介绍了图像处理的相关概念与基本理论，如像素、分辨率、图像类型和常用图像文件格式等，为以后的学习奠定扎实的基础。

课 后 习 题

一、选择题

1.(　　)不属于 Photoshop 的基本功能。

    A. 处理图像尺寸和分辨率　　　　　　B. 绘画功能

    C. 色调和色彩功能　　　　　　　　　D. 文字处理和排版

2. Photoshop 默认的图像文件格式的后缀为( )。

  A. PSD   B. BMP   C. PDF   D. TIFF

3. 以下选项描述正确的有( )。

  A. 位图放大到一定的倍数后将出现马赛克效果

  B. 矢量图不管放大多少倍都不会失真

  C. RGB 模式与 CMYK 模式包含的颜色数量基本相等

  D. 参考线与网格主要用于定位图像对象的位置

4. 可以在 Photoshop CS 中直接打开并编辑的文件格式有( )。

  A. JPG   B. GIF   C. EPS   D. DOC

二、填空题

1. 像素实际上是_____上的名词，在计算机显示器和电视机的屏幕上都使用_____作为它们的基本度量单位。

2. 分辨率用于_____，通常表示成_____。

3. 矢量图，也称为_____，也就是使用直线和曲线来描述的图像，组成矢量图中的图形元素称为对象。

第 2 章

Photoshop CC 2017 的使用

本章讲解 Photoshop CC 2017 的基本操作，可以对图像进行处理。

2.1 Photoshop CC 2017 的安装、卸载、启动和退出

Photoshop CC 2017 是可运行于 Windows 与 Mac OS、UNIX 等操作系统的图像处理软件。本书以 Windows 为平台介绍 Photoshop CC 2017。

2.1.1 安装 Photoshop CC 2017

将 Photoshop CC 2017 的安装程序光盘放入光驱，打开 Photoshop CC 2017 的文件夹，双击 Setup.exe 执行程序，按照安装引导程序一步一步地操作，依据安装询问输入相应内容即可完成 Photoshop CC 2017 的安装。

2.1.2 卸载 Photoshop CC 2017

打开"设置"窗口，单击"应用"按钮，进入"应用和功能"界面，单击 Photoshop CC 2017 图标，再单击"卸载"按钮，便开始卸载程序。

2.1.3 启动 Photoshop CC 2017

启动 Photoshop CC 2017 的具体操作步骤如下。
(1) 执行 Windows 桌面上的"开始"|"程序"| Adobe Photoshop CC 2017 菜单命令。
(2) 显示 Adobe Photoshop CC 2017 的启动画面，如图 2-1 所示。

图 2-1　启动 Photoshop CC 2017

(3) 启动画面结束后，就打开了 Photoshop CC 2017 的操作界面，如图 2-2 所示，所有对图像文件的操作将在这里完成。

图 2-2　Photoshop CC 2017 的操作界面

2.1.4　退出 Photoshop CC 2017

当不需要使用 Photoshop CC 2017 时，可使用以下任何一种方法退出 Photoshop CC 2017。

(1)　执行"文件" | "退出"菜单命令，或单击 Photoshop CC 2017 窗口右上角的关闭按钮，就会关闭所有打开的图像窗口并退出 Photoshop CC 2017 程序。

(2)　双击标题栏左侧的程序图标。

(3)　按 Alt+F4 组合键或 Ctrl+Q 组合键(若文件没有存储将会提示询问用户是否存储文件)，根据需要来选择是否保存或取消此次操作，如图 2-3 所示。

图 2-3　退出 Photoshop CC 2017 时的提示界面

2.2　图形图像文件的基本操作

前面讲解了如何安装、卸载、启动以及退出 Photoshop CC 2017，启动程序之后图形图像文件的操作一般都需要在程序中进行，包括创建新图像文件、打开和关闭图像文件、存储图像文件、恢复图像文件、置入图像文件等操作。

1. 创建新图像文件

启动程序后，若要编辑一个图像文件，首先需要创建一个符合目标应用领域的新图像文件。其操作步骤如下。

(1) 执行"文件"|"新建"菜单命令或按 Ctrl+N 组合键。

(2) 打开如图 2-4 所示的"新建文档"对话框，在其中设置各个参数及选项。

💡 **注意**：按 Ctrl 键的同时双击 Photoshop 工作区也可以打开"新建文档"对话框。

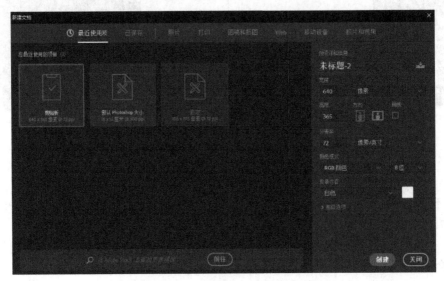

图 2-4　"新建文档"对话框

① 名称：此文本框用于输入新文件的名称。系统默认名称为"未标题-1""未标题-2""未标题-3"……

② 预设详细信息：在此左侧列表框中可以选择一个图像预设尺寸大小。如选择"640 像素×365 像素@72 ppi"选项，则在"宽度"和"高度"文本框中将显示预设的尺寸值。

③ 宽度：此文本框用于设置新文件的宽度。

④ 高度：此文本框用于设置新文件的高度。

⑤ 分辨率：此文本框用于设置新文件的分辨率。

💡 **注意**：输入数值前要确定文件尺寸的单位(在右侧的下拉列表框中选择)。表示图像大小的单位有"像素""英寸""厘米""毫米""点""派卡"和"列"；表示分辨率的单位有"像素/英寸"和"像素/厘米"。

⑥ 颜色模式：在此下拉列表框中设置新文件的色彩模式；在右侧的下拉列表框中指定位深度，确定可使用颜色的最大数量。通常采用 RGB 色彩模式、8 位/通道。

⑦ 背景内容：在此下拉列表框中设置新文件的背景层颜色，包括"白色""背景色"和"透明"3 种方式。当选择"背景色"选项时，新文件的颜色与工具箱中背景颜色框中的颜色相同。

⑧ 高级选项：该选项组用于设置颜色概况和像素比率。

2. 打开和关闭图像文件

在使用 Photoshop 编辑已有文件时需要打开文件，其方法主要包括以下两种。

◎ 执行"文件"|"打开"菜单命令或按 Ctrl+O 组合键。

◎ 双击需要编辑的文件。

弹出"打开"对话框，选择一个图像文件，再单击"打开"按钮(或双击所要打开的文件)，即可打开图像文件，如图 2-5 所示。

图 2-5 "打开"对话框

若要同时查看或打开多个文件，可执行"文件"|"浏览"菜单命令或按 Alt+Ctrl+Shift+O 组合键，打开"文件浏览器"对话框，可选择打开一个或多个目标文件。

当编辑完图像后，可将当前文件关闭，或关闭所有文件。

◎ 执行"文件"|"关闭"菜单命令或按 Ctrl+W 组合键或 Ctrl+F4 组合键，将关闭当前文件。

◎ 执行"文件"|"关闭全部"菜单命令或按 Ctrl+Alt+W 组合键，将关闭当前打开的所有文件。

3. 存储图像文件

存储文件的操作包括"存储""存储为"以及"存储为 Web 所用格式"等命令，每个命令可以保存成不同的文件。

1) "存储"命令

执行"文件"|"存储"菜单命令，或按 Ctrl+S 组合键。如果当前文件从未保存过，将打开如图 2-6 所示的"另存为"对话框；如果文件至少保存过一次，则直接保存当前文件修改后的信息而不会出现"另存为"对话框，如图 2-6 所示。

2) "存储为"命令

执行"文件"|"存储为"菜单命令，或按 Ctrl+Shift+S 组合键，也会弹出"另存为"对话框，在此对话框中可以不同的位置、不同文件名或不同格式存储原来的图像文件，各选项根据所选取的具体格式而有所改变。

图 2-6 "另存为"对话框

💡 **注意：** ① 在 Photoshop 中，如果选取的格式不支持文件的所有功能，在对话框底部将
出现一个警告提示。如果看到了此警告提示，建议以 Photoshop 格式或以支持
所有图像数据的另一种格式存储文件的副本。

② 在 Photoshop 的各种对话框中，按 Alt 键，"取消"按钮将变成"复位"按
钮，单击"复位"按钮可以将各种设置还原为系统默认值。

3) "存储为 Web 所用格式"命令

执行"文件"|"导出"|"存储为 Web 所用格式"菜单命令或按 Ctrl+Alt+Shift+S 组合
键，将打开如图 2-7 所示的"存储为 Web 所用格式"对话框，可以直接将当前文件存储为
HTML 格式的网页文件。

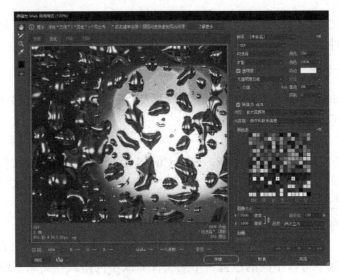

图 2-7 "存储为 Web 所用格式"对话框

例 2.1　新建并生成名为"平面设计.psd"文件。

具体操作步骤如下。

(1) 启动程序，执行"文件"|"新建"菜单命令，弹出"新建文档"对话框，在"名称"文本框中输入"平面设计"，如图 2-8 所示。

生成"平面设计.psd"文件

(2) 在"宽度"右侧的下拉列表框中选择"像素"选项，然后输入宽度及高度值，在"分辨率"文本框中输入分辨率，如图 2-9 所示。

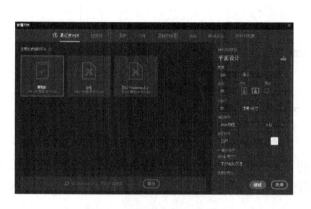

图 2-8　"新建文档"对话框

图 2-9　设置页面大小

(3) 在"背景内容"下拉列表框中选择"白色"选项(见图 2-10)，单击"确定"按钮。

(4) 即可创建一个空白的文档，再执行"文件"|"存储为"菜单命令，如图 2-11 所示。

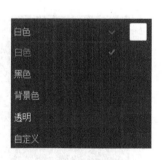

图 2-10　设置背景内容

图 2-11　执行"存储为"命令

(5) 弹出"另存为"对话框，指定保存位置并输入文件名称，文件类型默认为 PSD 格式，单击"保存"按钮即可，如图 2-12 所示。

4. 恢复图像文件

恢复图像文件是指将当前图像恢复到最后一次存储时的状态。文件恢复有一个前提条件是：要恢复的文件至少被保存过一次，而且被修改的信息尚未被保存。执行"文件"|"恢复"菜单命令，即可恢复文件。

图 2-12　保存文件

5. 置入图像文件

Photoshop 是一个位图软件，但它也支持矢量图的导入，可以将矢量图软件制作的图形文件(如 Adobe Illustrator 制作的*.ai 图形文件、*.pdf 和*.eps 等格式文件)导入 Photoshop 中。其具体操作步骤如下。

(1) 打开或创建一个要导入图形的图像文件。

(2) 执行"文件"|"置入嵌入的智能对象"|"置入链接的智能对象"菜单命令，打开"置入"对话框，设定各项参数后单击"置入"按钮，矢量图形就被插入图像文件中，如图 2-13 所示。同时在"图层"面板中将增加一个新图层，如图 2-14 所示。

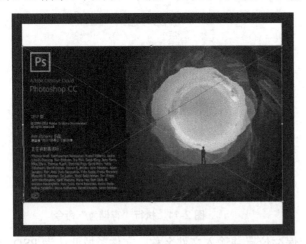

图 2-13　置入的图像

图 2-14　置入图像后增加的新图层

2.3　Photoshop CC 2017 的界面调整

本节主要讲解 Photoshop CC 2017 的界面调整。在学习之前，需要对 Photoshop CC 2017 界面的组成部分有一个大概的了解。

2.3.1 界面组成部分

在进入 Photoshop CC 2017 后，将出现如图 2-15 所示的界面，与其他图形处理软件的操作界面基本相同，主要包括菜单栏、工具选项栏、工具箱、图像窗口、控制面板等。

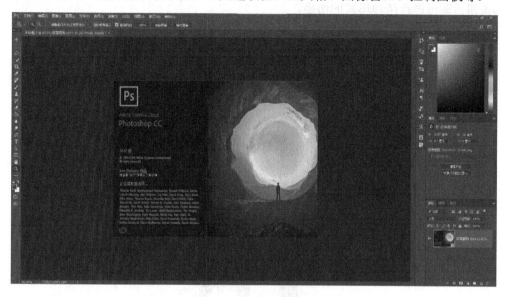

图 2-15 Photoshop CC 2017 的工作界面

1．菜单栏

菜单栏中包含各类操作命令，同一类操作命令包含在一个下拉菜单中。下拉菜单中的命令如果显示为黑色，表示此命令目前可用；如果显示为灰色，则表示此命令目前不可用。Photoshop CC 2017 根据图像处理的各种要求，将所有的功能分类后，放在菜单栏中，如图 2-16 所示，它们分别为“文件”“编辑”“图像”“图层”“文字”“选择”“滤镜”“3D(D)”“视图”“窗口”及“帮助”菜单。

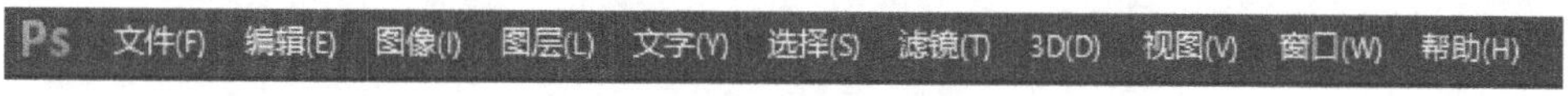

Ps
文件(F)
编辑(E)
图像(I)
图层(L)
文字(Y)
选择(S)
滤镜(T)
3D(D)
视图(V)
窗口(W)
帮助(H)

图 2-16 菜单栏

在每个菜单中都包含相关的命令，也就是包含了 Photoshop CC 2017 的大部分命令操作，大部分的功能可以在菜单的使用中得以实现。一般情况下，一个菜单中的命令是固定不变的，但是有些菜单可以根据当前环境的变化会适当添加或减少某些命令。

2．工具选项栏

工具选项栏位于菜单栏的下方，主要用于设置各工具的参数。工具选项栏中的选项会根据操作工具的不同而有所不同，如图 2-17 所示，这是选择椭圆工具时工具选项栏的显示。

羽化：0 像素
消除锯齿
样式：
正常
宽度
高度
选择并遮住...

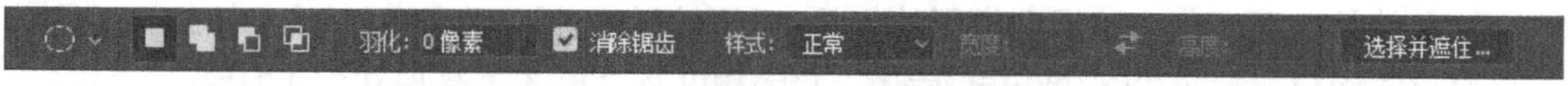

图 2-17 工具选项栏

3．工具箱

工具箱是 Photoshop CC 2017 的一大特色，也是 Adobe 开发软件的独特之处。在工具箱中除了包含各种操作工具外，还可以对文件窗口进行控制、设置在线帮助以及切换到 ImageReady 等。工具箱位于操作界面的左侧，如图 2-18 所示。单击工具箱左上角的两个三角形按钮，即可进行两种形式的切换。

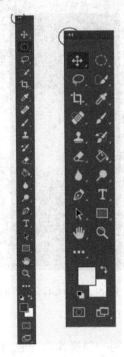

图 2-18　工具箱的两种形式

对于工具箱中的工具，直接单击该工具按钮即可使用。如果工具按钮右下方有一个黑色小三角按钮，则表示该工具按钮中还有隐藏的工具，右击该工具按钮，就可以在弹出工具组的其他工具中进行切换。将鼠标指针移动到工具按钮上并稍停片刻，就会显示该工具的名称，括号内的字母即为该工具的快捷键，如图 2-19 所示。

💡 **注意**：按住 Alt 键的同时单击工具按钮，也可以直接实现工具的切换，或者在工具按钮上按住鼠标左键不放，也可弹出其他工具。

套索工具　　　　　　　　　　　　　画笔工具

图 2-19　工具箱中的工具

工具箱的上面部分为编辑图像用的工具，下面部分包括"前景色/背景色控制"工具 ■、"以快速蒙版模式编辑/以标准模式编辑"工具 ▣ 以及"更改屏幕模式"工具 ▣。

"前景色/背景色控制"工具用于设定前景色和背景色。单击色彩控制框将出现"拾色器"对话框，如图 2-20 所示，可以从中选取颜色作为前景色和背景色。单击"切换前景色和背景色"按钮 或按 X 键可以将前景色和背景色进行互换，也可以使用拾色器对素材中已有颜色进行吸取，如图 2-21 所示，用吸管吸取花瓣上某一处的颜色，则拾色器的颜色也被自动选择成相对应的同一种颜色。

图 2-20　"拾色器"对话框

图 2-21　吸取图片颜色

"以快速蒙版模式编辑/以标准模式编辑"工具其实是一个按钮，单击即可在两种状态间切换。"以快速蒙版模式编辑"允许用户轻松地创建、观察和编辑所选择区域；"以标准模式编辑"可以使用户脱离快速蒙版状态。按 Q 键可在这两种状态间进行切换。

更改屏幕模式中包括 3 种模式，如图 2-22 所示。

◎　标准屏幕模式：默认状态下的模式。

◎　带有菜单栏的全屏模式：能够将可用的屏幕全部
　　扩充为使用区域。

图 2-22　更改屏幕模式

◎　全屏模式：同样能将可用的屏幕全部扩充为使用
　　区域，但不包括"开始"菜单。

4．图像窗口

图像窗口是指显示图像的区域，也是编辑和处理图像的区域，比如对图像区域的选择、改变图像的大小等，如图 2-23 所示。

图 2-23　图像窗口

图像窗口包括标题栏、滚动条以及图像显示区等几个部分，通过一些按钮和鼠标可以调整窗口。

5．控制面板

控制面板是 Photoshop 中最灵活、最好用的工具，它们能够控制各种参数的设置，而且设置起来非常直观，并且颜色的选择以及显示图像处理的过程和信息也在控制面板中体现，如图 2-24 所示。控制面板左侧的按钮是一些隐藏的控制面板，单击后即可显示出来，如图 2-25 所示。

图 2-24　显示的控制面板

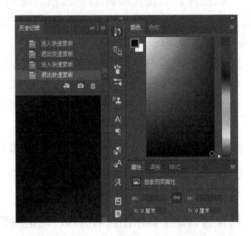

图 2-25　显示出隐藏的"历史记录"面板

第一组控制面板中有"颜色"和"色板"2 个面板；第二组控制面板中有"属性""调整"和"样式"3 个面板；第三组控制面板中有"图层""通道""路径"3 个面板；其他的面板则隐藏在左侧的按钮中。

控制面板并不是一成不变的，可以单个显示，也可以若干个组成一组，只要使用鼠标左键拖动即可更改。

例 2.2 将"字符"面板与其他面板放在一组中。

具体操作步骤如下。

(1) Photoshop CC 2017 默认的面板显示方式是按相近的功能成组放置。

(2) 用鼠标拖动"字符"面板的标签，将其拖到"样式"面板标签的后面，释放鼠标，如图 2-26 所示。

(3) 双击控制面板上一栏(就是有标题的那个)，可以使控制面板最小化，如图 2-27 所示。

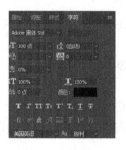

图 2-26 拖动面板

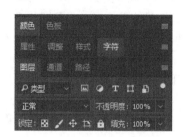

图 2-27 控制面板最小化

2.3.2 调整界面

使用熟悉的工作界面，对于提高图像处理的效率无疑有很大的帮助，而有时进行不同的操作，又需要不同的工作界面，因此 Photoshop CC 2017 有自定义工作区的功能。

选择"窗口"|"工作区"菜单命令，如图 2-28 所示，可以看到自定义工作区的命令，分别是"复位基本功能""新建工作区"和"删除工作区"等命令。

图 2-28 "工作区"子菜单

另外，也可直接使用鼠标拖动面板、工具箱等，释放鼠标后即可将其移到指定的位置。

本 章 小 结

　　本章详细介绍了 Adobe Photoshop CC 2017 的安装、卸载、运行和退出，Photoshop CC 2017 的工作界面和参数设置以及图像文件的一些基本操作。通过对本章内容的学习，可以对 Photoshop 相关基础知识、系统界面及功能有一个初步了解，为以后的学习奠定扎实的基础。

课 后 习 题

一、选择题

1. 在 Photoshop 中，按(　　)组合键即可保存图像文件。

　　A. Ctrl+S　　　　　　B. Alt+S　　　　　　　C. Shift+S　　　　　　D. Ctrl+D

2. (　　)不是菜单栏中的名称。

　　A. 文件　　　　　　B. 表格　　　　　　　C. 图像　　　　　　D. 图层

3. 下面关闭图像文件的操作，(　　)是错误的。

　　A. 按 Ctrl+W 组合键　　　　　　　　　　　B. 按 Ctrl+F4 组合键

　　C. 执行"文件"|"关闭"菜单命令　　　D. 单击窗口标题栏左侧的图标

二、填空题

1. Photoshop 与其他的图形处理软件的操作界面基本相同，主要包括_____、_____、_____、_____、_____等。

2. Photoshop 的菜单栏中有 11 个菜单，它们分别为_____、_____、_____、_____、_____、_____、_____、_____、_____及_____菜单。

3. 选择_____|_____菜单命令，可以看到自定义工作区的命令，分别是_____、_____和_____等命令。

三、上机操作题

1. 在计算机中安装 Photoshop CC 2017，打开程序，并新建一个图像文件，图像的文件名为"招贴设计.psd"，高度和宽度均为 800 像素，背景为白色，如图 2-29 所示。

图 2-29　新建文件

2. 更改工具箱的位置，并调整控制面板在界面中的位置，如图 2-30 所示。

图 2-30　更改工具箱及面板位置

第 **3** 章

选区的使用

　　选区是指对图像进行处理之前在图像上用选择工具选取的一定范围。在 Photoshop 中，可以通过选区的创建，对所选区域内的图像进行操作，而不影响其他区域的内容。Photoshop 中选区的创建可以通过选取工具来完成，也可以通过菜单命令来完成，在后面的章节里还会看到利用路径和蒙版创建更加复杂的选区。

3.1 选区的基本概念

当需要对图像进行局部操作时，都要先为此局部创建一个选区，指定操作所作用的范围，选区外的图像不会受到影响。与选区有关的命令都可在"选择"菜单中找到，如图 3-1 所示。其中，几个常用的选择命令的功能和操作如下。

(1) "全部"：此命令的功能是将图像全部选中，对应的快捷键为 Ctrl+A。

(2) "取消选择"：此命令的功能是取消已选取的范围，对应的快捷键为 Ctrl+D。

(3) "重新选择"：此命令用于重复上一次操作中的范围选取，对应的快捷键为 Shift+Ctrl+ D。

(4) "反选"：此命令用于将当前范围反转，对应的快捷键为 Shift+Ctrl+ I。另外，还可以使用右键快捷菜单对选区进行操作，如图 3-2 所示。

(5) "在快速蒙版模式下编辑"命令中的"蒙版"：它是一种特殊的选区，它并不是对选区进行操作；相反，是要保护选区内的部分不被操作，不处于蒙版范围内的地方可以进行编辑与处理。如图 3-3 所示，箭头指出的为"蒙版"选项。

图 3-1 "选择"菜单

图 3-2 右键快捷菜单

图 3-3 "蒙版"选项

3.2　选框工具

选框工具是 Photoshop CC 2017 中最基本、最简单的选择
工具，主要用于创建简单的选区以及图形的拼接、剪裁等。使
用该工具可以选择 4 种形状的范围：矩形、椭圆、单行和单列。
在默认情况下，选框工具组中的"矩形选框工具"为当前的工
具。要选取不同的选框工具，首先在■(矩形选框工具)按钮上
按住鼠标左键不放，并稍停一小段时间，弹出选框工具菜单，
如图 3-4 所示。

图 3-4　选框工具菜单

3.2.1　矩形选框工具

矩形选框工具用于创建矩形的选区，选区以虚线的形式显示，在默认状态下只要拖动
鼠标即可创建矩形选区，除此之外还可以创建固定比例和固定大小的选区。具体操作如下。

1．创建正常样式的矩形选区

单击工具箱中的■(矩形选框工具)按钮后，在图像中按住鼠标左键拖动，创建矩形选
区，如图 3-5 所示，矩形虚线框为新建选区，并在鼠标指针右侧显示选区的参数，■表示宽
度(W)，■表示高度(H)。

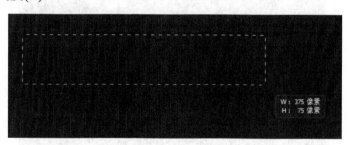

图 3-5　矩形选区

2．创建固定比例的矩形选区

创建固定比例的矩形选区是指创建宽度和高度预先设置比例的选区，单击■(矩形选框
工具)按钮后，在工具选项栏中单击"样式"下拉按钮，选择"固定比例"选项，如图 3-6
所示。

图 3-6　调整固定比例

在"宽度"和"高度"文本框中输入比例值，此时在图像文件中拖动鼠标，绘制的矩
形选区高度和宽度均为设定的比例，如图 3-7 所示。

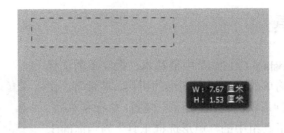

图 3-7 绘制宽高比例为 5：1 的选区

3．创建固定大小的矩形选区

创建固定大小的矩形选区是指创建固定高度和宽度的矩形选区，同样单击 ▣(矩形选框工具)按钮后，在工具选项栏中单击"样式"下拉按钮，选择"固定大小"选项，在后面的"宽度"和"高度"文本框中输入像素值，如图 3-8 所示。

图 3-8 创建固定大小选区

直接在图像中单击鼠标即可生成固定大小的选区，如图 3-9 所示。如此，就可以轻易框选我们所需要的区域尺寸，在实际操作中，该功能可为操作提供便利。

图 3-9 单击鼠标生成选区

💡 **注意**：若要选取正方形的选区，按住 Shift 键再拖动鼠标即可；若要选取一个以起点为中心的矩形范围，可按住 Alt 键拖动鼠标；若要取消选择范围，可以执行"选择"|"取消选择"菜单命令或者按 Ctrl+D 组合键。

4．设置参数属性

除了可以设置样式外，还可以在工具选项栏中设置其他的参数属性，如图 3-10 所示。其中各项参数的含义如下。

（图 3-10 矩形工具选项栏）

图 3-10　矩形工具选项栏

（1） ■（新建选区）：单击此按钮即可选取新的范围，通常此项为默认状态。

（2） ■（添加到选区）：此命令的功能是取消已选取的范围，对应的快捷键为 Ctrl+D。

（3） ■（从选区减去）：分为两种情况，若新选区和旧选区无重叠部分，则选区无变化；若两者有重叠部分，则新生成的选区将减去两区域中的重叠区域。

（4） ■（与选区交叉）：产生一个包含新选区和旧选区的重叠区域的选区。如图 3-11 所示，创建两个选区，当释放鼠标的同时，只留二者重叠部分，其余选区部分消失。

图 3-11　重叠选区

（5） 羽化：设置了该项功能后，会在选取范围的边缘产生渐变的柔和效果，取值范围为 0～250，如羽化值为 0 和 10 的对比效果如图 3-12 所示。也可以进行反向羽化，在菜单栏中单击"选择"菜单项，在下拉菜单中选择"反选"命令，效果如图 3-13 所示，图片中，是选区以外的部分被羽化。可以看出，图片中猫的脸部图片被截取，并且边缘部分模糊柔和，都是羽化效果。羽化不仅可以将图片处理得更柔和，而且效果也更加个性化。

图 3-12　羽化对比效果　　　　**图 3-13　反向羽化效果**

(6) 消除锯齿:选中该复选框后,对选区范围内的图像做处理时,可使边缘较为平顺。此项在矩形选框工具中是不可选的,在椭圆选框工具中会变为可选的。

(7) 选择并遮住:单击该按钮,利用一些工具,可以对选区进行修改,如图 3-14 所示。

图 3-14 选区调整界面

例 3.1 制作立体相框效果。

下面举例来具体说明如何通过选区来创建具有立体感的相框(也称相框)效果。

具体操作步骤如下。

制作立体相框效果

(1) 按 Ctrl+N 组合键,新建一幅高度和宽度分别为 380 像素和 450 像素、"背景内容"为"白色"的画布,将"颜色模式"设为"RGB 颜色",单击"创建"按钮,如图 3-15 所示。

(2) 单击"图层"面板下方的"创建新的图层"按钮,在"背景"图层基础上创建一个新的图层"图层 1",如图 3-16 所示。

图 3-15 新建图像文件

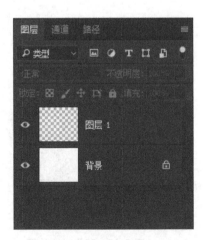

图 3-16 新建图层

(3) 在工具箱中选择矩形选框工具，在画布上拖出适当大小的矩形。再在工具箱中选择渐变工具，将颜色设置为从深色到白色，渐变方式设为线性渐变，从选区的右下角到左上角进行填充，如图 3-17 所示。

(4) 执行"选择"|"修改"|"收缩"菜单命令，设置收缩量为 10 个像素，选中"应用画布边界效果"将选区收缩，然后继续选择渐变工具，填充设置不变，从收缩选区的右下角到左上角进行填充，效果如图 3-18 所示。

图 3-17 设置渐变效果　　　　　　　图 3-18 收缩选区并反向填充

(5) 再执行"选择"|"修改"|"收缩"菜单命令，设置收缩量为 10 个像素。按 Delete 键删除选区内的颜色部分，如图 3-19 所示。

(6) 打开一幅风景图像，使用 Ctrl+A 组合键全选图像，在按住 Ctrl 键的同时拖动鼠标，将风景图像复制到前面制作好的相框窗口中；为了匹配两幅图像的大小，通过"编辑"|"自由变换"菜单命令改变风景图像的大小，如图 3-20 所示。

图 3-19 删除选区内的颜色部分　　　　图 3-20 添加风景图像

(7) 为了增强相框的金属质感及立体效果，在"图层"面板中选择"图层 1"，单击左下方的 fx (添加图层样式)按钮，对其添加"投影"与"斜面和浮雕"的混合选项效果，选项都采用默认设置即可，效果如图 3-21 所示，相框的立体感与真实感得到初步体现。

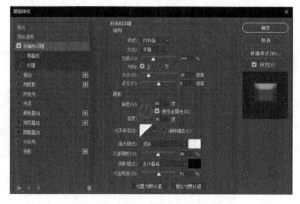

图 3-21 添加图层样式及效果图

Photoshop 作为一种平面图形处理软件的同时，通过巧妙的应用也可以做出视觉上的立体效果。

3.2.2　椭圆选框工具

　　椭圆选框工具用于选取圆形或椭圆形选区，其操作方法与矩形选框工具类似。具体操作步骤如下。

　　(1) 在工具箱中单击椭圆选框工具，在工具选项栏中设置各项参数，其设置方法与矩形选框工具的参数设置基本相同。

　　(2) 在图像中拖动鼠标绘制椭圆形的选区。

💡 **注意：** 不管是设定羽化功能，还是设定消除锯齿功能，都必须在选取范围之前设定它们，否则这两项功能不能实现。其中，消除锯齿功能仅在椭圆选框工具的选项栏中可以使用，在另外 3 种选框工具中不可以使用。

3.2.3　单行选框工具和单列选框工具

　　单行选框工具和单列选框工具经常用于对齐图像或描边，只需在工具箱中选取单行选框工具或单列选框工具，然后在图像窗口单击即可，主要参数有新(建)选区、添加到选区、从选区中减去、与选区交叉、羽化等。单行选框工具的使用效果如图 3-22 所示。

图 3-22　单行选框工具的使用效果

3.3　套索工具(组)

　　套索工具也是常用选择工具中的一种，它与选框工具不同的是用于不规则图像及手绘线段的选择。其中包括 3 种工具，即套索工具、多边形套索工具和磁性套索工具，如图 3-23 所示。

图 3-23　套索工具组

3.3.1 套索工具

使用套索工具，可以选取不规则形状的曲线区域。其方法如下。

(1) 在工具箱中单击 (套索工具)按钮，也可在工具选项栏中设置参数。

(2) 在图像窗口中，拖动鼠标按形状或路径选取需要选定的范围，当鼠标指针回到选取的起点位置时释放鼠标，如图 3-24 所示。

图 3-24 使用套索工具

由于套索工具是通过手对鼠标的控制来绘制的，因此对线条控制并不精确。

3.3.2 多边形套索工具

使用多边形套索工具，可以选择不规则形状的多边形区域。该工具的操作方法与套索工具有所不同，其方法如下。

(1) 在工具箱中单击 (多边形套索工具)按钮，如果工具栏中没有显示多边形套索工具，用鼠标右键长按套索工具，这时会出现套索工具组，选择"多边形套索工具"选项即可。将鼠标指针移到图像窗口中单击以确定开始点。

(2) 移动鼠标指针至下一个转折点单击。当确定好全部选取范围并回到开始点时，鼠标指针右下角出现一个小圆圈，单击即可完成选取操作，如图 3-25 所示。

图 3-25 使用多边形套索工具

用多边形套索工具也可设定消除锯齿和羽化边缘功能，其选项栏设置与套索工具相同。

3.3.3 磁性套索工具

磁性套索工具是最精确的套索工具，进行选择时方便快捷，还可以沿图像的不同颜色之间将图像相似的部分选取出来。它是根据选取边缘在特定宽度内不同像素值的反差来确定的。下面介绍其使用方法。

(1) 在工具箱中单击 (磁性套索工具)按钮，如果工具栏中没有显示磁性套索工具，用鼠标右键长按套索工具，这时会出现套索工具组，选择"磁性套索工具"选项即可。

(2) 移动鼠标指针至图像窗口中，单击确定选取的起点，然后沿着要选取的物体边缘移动鼠标指针。当选取终点回到起点时，鼠标指针右下角会出现一个小圆圈，单击即可完成选取操作，如图 3-26 所示。

图 3-26 使用磁性套索工具

可以在工具选项栏(见图 3-27)中设置以下相关参数。

图 3-27　磁性套索工具的选项栏

◎　"羽化"和"消除锯齿"：此两项功能与选框工具选项栏中的功能一样。

◎　"宽度"：用于设置磁性套索工具选取时的探查范围。数值越大，探查范围越大。

◎　"对比度"：用来设置套索的敏感度，其数值在 1%～100%之间。数值大时，可用来探查对比锐利的边缘；数值小时，可用来探查对比较低的边缘。

◎　"频率"：用来指定套索边节点的连接速度，其数值在 1～100 之间。数值越大，选取外框速度越快。

◎　"光笔压力"：用来设置绘图板的画笔压力。该项只有安装了绘图板和驱动程序才变为可选。

例 3.2　制作一张鱼在水里的图片。

下面举例来具体说明如何通过磁性套索工具将鱼与水的图片相结合。

具体操作步骤如下。

制作鱼在水里的图片

(1)　执行"文件"|"打开"菜单命令，打开一幅鱼的图像，在工具箱中选择磁性套索工具，宽度设为 5 像素，对比度为 30%，在图像中将鱼的形状用磁性套索工具描绘下来，按反向快捷键 Shift+Ctrl+I，将鱼以外不用的部分用删除键 Delete 去掉，效果如图 3-28 所示。

图 3-28　用磁性套索工具描绘鱼的图形

(2)　执行"文件"|"置入"菜单命令，置入已经收集好的图片，如图 3-29 所示。

(3)　选择"图层"面板中的水底图层，用鼠标拖曳该图层将其置于最底层，这时可以发现"鱼"出现在"水里"，如图 3-30 所示。

(4)　将鱼的图层进行缩放调整，使整个画面比例协调，最终效果如图 3-31 所示。通过磁性套索工具，鱼的外轮廓被准确地勾勒出来，并且达到与背景和谐统一的效果。

图 3-29　置入水底图片　　　　图 3-30　将图像移至文件中　　　　图 3-31　鱼在水底游

3.4　智能选择工具

前面所讲的选框工具、套索工具均需要使用鼠标进行拖动才可以创建选区。在图像处理过程中，经常还会使用到对相同或相近颜色的区域进行选取，也就是本节我们要介绍的"魔棒工具""快速选择工具"以及"通过色彩范围创建选区"的方法。

3.4.1　魔棒工具

魔棒工具的主要功能是选取范围。在进行选取时，使用该工具能够选择出颜色相同或相近的区域。例如，在图像中单击绿叶部分即可选中与当前单击处相同或相似的颜色范围，如图 3-32 所示。魔棒工具是一种十分便捷的绘图助手，往往可以直接获得所需要的图形选区。

魔棒工具使用工具选项栏上输入的容差值来制作选区。当"连续"复选框处于选中状态时，单击图像内任一位置，程序会检查受单击处周围的像素值，若其颜色值在容差范围内，则这一范围可以被包括在选区内；若超出容差范围值，则不被选中。通常容差值大小和选取范围大小是成正比的。用魔棒工具选择选区的操作方法如下。

图 3-32　使用魔棒工具

(1) 在工具箱中单击 ✎ (魔棒工具)按钮，如果工具栏中没有显示魔棒工具，用鼠标右键长按快速选择工具，这时会出现快速选择工具框，选择魔棒工具即可。另外，还可以通过工具选项栏设定颜色的近似范围。

(2) 在工具选项栏中设置相关的参数，有些参数的设置与矩形选框工具选项栏的参数或选项是相同的，如图 3-33 所示。

◎ "容差"：此参数(或文本框)用来确定选取时颜色比较的容差值，单位为像素，值范围为 0～255，值越小，选取范围的颜色越接近，相应的选取范围也越小。

取样大小：取样点   容差：32   ☑消除锯齿 ☑连续 □对所有图层取样   选择并遮住...

图 3-33　魔棒工具的工具选项栏

◎　"消除锯齿"：选中该复选框后，可使边缘较为平滑。

◎　"连续"：选中此复选框，在容差值范围内的像素检测会遍及整幅图像；如果取消选中此复选框，则只检测单击处的邻近区域。

◎　"对所有图层取样"：选中此复选框，对所有图层均起作用，即可以选取所有图层中相近的颜色区域。

(3)　单击图像中要选择的颜色值所在的区域即可。

3.4.2　快速选择工具

可以使用快速选择工具利用可调整的圆形画笔笔尖快速绘制选区。拖动时，选区会向外扩展并自动查找和跟随图像中定义的边缘。具体操作步骤如下。

(1)　在工具箱中单击 (快速选择工具)按钮，此时鼠标指针变为 形状。

(2)　在工具选项栏中设置工具的属性参数，如图 3-34 所示。

    30   □对所有图层取样 □自动增强   选择并遮住...

图 3-34　快速选择工具的工具选项栏

其中各个参数或选项的含义如下。

◎　 (新建选区)：是在未选择任何选区的情况下的默认选项，创建初始选区后，此选项将自动更改为"添加到选区"按钮。

◎　 (添加到选区)：选中此项，在图像中单击即可将当前选区添加到原选区中。

◎　 (从选区减去)：选中此项，在图像中单击区域即可从当前选区中减去。

◎　 (画笔选项)：此下拉列表框用来更改快速选择工具的画笔笔尖大小，单击选项栏中的画笔下拉列表并输入像素大小或移动"直径"滑块。使用"大小"弹出下拉列表，使画笔笔尖大小随钢笔压力或光笔轮而变化。

◎　自动增强：选中此复选框可减少选区边界的粗糙度和块效应。"自动增强"功能自动将选区向图像边缘进一步流动并应用一些边缘调整，也可以通过在"调整边缘"对话框中使用"平滑""对比度"和"半径"选项手动应用这些边缘调整。

(3)　在要选择的图像部分中绘画，选区将随着绘画而增大。如果更新速度较慢，应继续拖动以留出时间来完成选区上的工作。在形状边缘的附近绘画时，选区会扩展以跟随形状边缘的等高线，如图 3-35 所示。

图 3-35　使用快速选择工具创建选区

　　如果停止鼠标拖动的操作，而是改用在附近区域位置单击或拖动，选区将增大，也就是包含单击的新区域。Photoshop 中的快速选择工具常用于抠图，尤其对初学者来说，是便捷并且易于掌握的操作。

💡 **注意：** 要更改工具光标，可执行"编辑"|"首选项"|"光标"菜单命令，在"绘画光标"区域中设置光标。默认情况下，快速选择光标设置为"正常画笔笔尖"，其他选项的设置如图 3-36 所示。

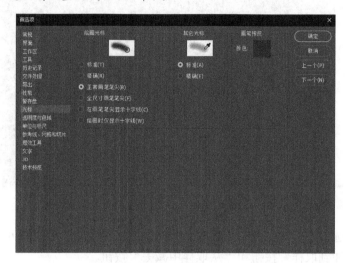

图 3-36　设置光标

3.4.3　通过色彩范围创建选区

　　魔棒工具和快速选择工具都是非常有用的工具，但是通过目测来划分颜色选区是不准确的。因此，Photoshop 提供了更好的替代工具，那就是"色彩范围"命令，可以在"选择"菜单中找到。具体操作步骤如下。

　　(1) 打开一幅图像，执行"选择"|"色彩范围"菜单命令，即可打开"色彩范围"对话框，如图 3-37 所示。

　　(2) 可以通过设置"色彩范围"对话框的各个选项来对选取范围实现精确的调整。在"选择"下拉列表框中可以选择一种颜色范围的方式，如默认的"取样颜色"，选中此项就可以使用吸管工具来确定选取

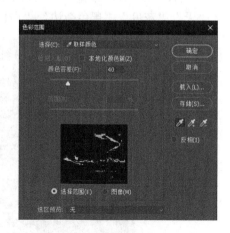

图 3-37　"色彩范围"对话框

的颜色范围，方法是把鼠标指针移动到图像窗口，单击即可选取一定的颜色范围，其他还有红、绿、蓝、高光等选项。

　　(3) 和魔棒工具类似，可以设置相关的颜色容差，只需拖动滑块即可进行设置，图像选取范围的变化会在其下方的预览框中显示出来。

　　(4) 预览框下方有两个单选按钮，分别是"选择范围"和"图像"，若选中"选择范

围"单选按钮，在预览框中则只会显示被选取的范围；若选中"图像"单选按钮，在预览框中会显示整幅图像，如图 3-38 所示。

图 3-38　显示选择范围

(5)　若要对选取的范围做进一步处理，比如进行加选或减选操作，可使用"色彩范围"对话框中的"添加到取样"按钮和"从取样中减去"按钮。

(6)　使用该对话框中的"反相"复选框可实现对选取范围的反选功能，与"选择"菜单中的"反选"命令功能相同。

(7)　在"选区预览"下拉列表框中可以选择一种选区在图像窗口中的显示方式，包括"无""灰度""黑色杂边""白色杂边""快速蒙版"5 种，如图 3-39 所示。

图 3-39　选中的部分

(8)　设置完成后，单击"确定"按钮，即可完成范围的选取，如图 3-40 所示。

图 3-40　选中的部分

制作明信片

例 3.3　制作明信片。

下面举例来具体说明如何通过快速选择工具制作精美的明信片。

具体操作步骤如下。

(1)　按 Ctrl+N 组合键新建文件，宽度和高度分别为 152 毫米和 104 毫米(国内明信片统一规格为 148 毫米×100 毫米，制作时一般留 2 毫米出血)，"背景内容"为"白色"，将"颜色模式"设为"RGB 颜色"，单击"创建"按钮，如图 3-41 所示。

(2)　新建一个图层，在新的图层上置入素材图片，如图 3-42 所示。

图 3-41　创建新文件

图 3-42　置入素材图片

(3)　单击快速选择工具，调整工具的大小、硬度、间距等数据，拖动鼠标，将素材图片中要用的花用选区围选下来，如图 3-43 所示。

(4)　按"反向"快捷键 Shift+Ctrl+I 将花背景框选，按 Delete 键删除，花图形保留，如图 3-44 所示。

(5) 在菜单栏中选择"滤镜"|"扩散"命令，效果如图 3-45 所示，花图片的色块扩散，画面有水彩的效果。

图 3-43　确定花选区

图 3-44　删除多余的部分

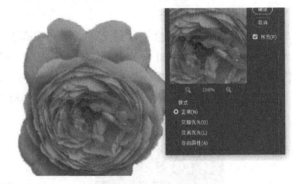

图 3-45　滤镜扩散效果图片

(6) 为了映衬花的文雅气质，在明信片的右侧用画笔工具画三道用来填写文字的竖线，以增加明信片的中国风韵，如图 3-46 所示。

图 3-46　绘制用于填写文字的竖线

(7) 新建图层，绘制颜色渐变效果，并将该图层置于最底层，最终效果如图 3-47 所示。

图 3-47　效果图

3.5　选区的修改编辑

3.5.1　移动选区

在图像窗口中创建选区后，可能选区的位置并不符合要求，尤其是选取比较细微的区域，此时可以适当移动选区。

移动选区的方法很简单，只要使当前工具为任意一种选取工具，然后将鼠标指针移动到选区内，拖动即可将选区移动到指定位置，如图 3-48 所示。如果需要对选区的位置进行细致调节，可以通过键盘中的方向键来完成。每按一次方向键，选区移动一个像素的距离。

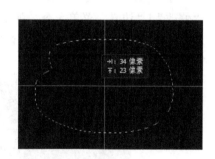

图 3-48　移动选区

💡 **注意：** 在移动过程中同时按住 Shift 键，可以使选区按垂直、水平或 45° 角的方向进行移动。

3.5.2　增减选区

在前面已经讲解了选区的增减操作，也就是通过工具选项栏中的相应按钮来完成。在前面不论使用哪一种选取工具，都会出现 4 个增减选区的按钮，具体含义及操作可参见 3.2.1 节中的"设置参数属性"。

3.5.3　修改选区

通过增减选区可以实现对选区大小的修改，将选区放大或缩小，往往能够实现许多图像的特殊效果，同时也能够修改还未曾完全准确选取的范围。修改选区的命令位于"选择"

菜单的"修改"子菜单中，如图 3-49 所示。

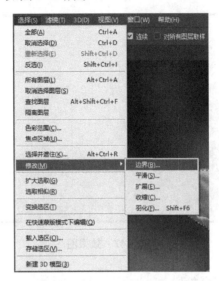

图 3-49 "修改"子菜单

1. "边界"命令

在"修改"子菜单中有一个"边界"命令，主要用于修改选区的边界。执行"选择"|"修改"|"边界"菜单命令，弹出"边界选区"对话框，在"宽度"文本框中设置边界的宽度值，可以用这个新的选区代替原选区。"宽度"值范围是 1~200，图 3-50 所示为将选区边界设置为 80 像素的效果。

图 3-50 修改选区边界

2. "平滑"命令

"平滑"命令可以将选区变成平滑的效果。执行"选择"|"修改"|"平滑"菜单命令，弹出"平滑选区"对话框，在"取样半径"文本框中输入半径值，范围是 1~100，设置效果如图 3-51 所示。

3. "扩展"命令和"收缩"命令

在"修改"子菜单中的"扩展"命令和"收缩"命令的效果是相反的，"扩展"命令能将选区边界向外扩大 1～100 像素；"收缩"命令能将选区边界向内收缩 1～100 像素。图 3-52 是将原选区进行扩展和收缩 80 像素后的效果。

图 3-51　平滑后的选区

图 3-52　扩展和收缩选区

4．"羽化"命令

前面在讲解创建选区时讲到了工具选项栏中的"羽化"命令，执行"修改"子菜单中的"羽化"命令，也可以羽化选区边缘，使图像具有柔和渐变的边缘，形成晕映效果。下面介绍如何使用 Photoshop 制作图像的晕映效果。

(1) 打开一幅图像文件，在图像中创建一个选区，如图 3-53 所示。

(2) 执行"选择"|"修改"|"羽化"菜单命令，在弹出的"羽化选区"对话框中设置"羽化半径"为 10 像素，如图 3-54 所示。

图 3-53　创建矩形选区　　　　　图 3-54　设置羽化半径

(3) 执行"编辑"|"拷贝"菜单命令,复制选区内的图像。

(4) 执行"文件"|"新建"菜单命令,按默认设置新建图像文件,将背景颜色设为彩色,用来与白色区分。

(5) 执行"编辑"|"粘贴"菜单命令,粘贴图片,就可以得到如图 3-55 所示的羽化效果。

例 3.4 制作放大镜效果。

下面举例来具体说明如何通过"扩展"命令制作出放大镜放大物体的效果。

具体操作步骤如下。

(1) 执行"文件"|"打开"菜单命令,打开一幅小鸟的图像,使用椭圆选框工具选取小鸟的头部,如图 3-56 所示。

制作放大镜效果

图 3-55 羽化效果

(2) 执行"编辑"|"自由变换"菜单命令,按住 Alt+Shift 组合键再拖动鼠标将选区保持圆心不变等比例放大,效果如图 3-57 所示。

图 3-56 选取小鸟的头部

图 3-57 将选区放大

(3) 执行"选择"|"修改"|"扩展"菜单命令,弹出"扩展"对话框,设置扩展量为 20 像素。

(4) 执行"滤镜"|"扭曲"|"球面化"菜单命令,设置数量为 90%,模式为正常,对选区做类似放大镜的凸起效果,效果如图 3-58 所示。

(5) 执行"选择"|"修改"|"边界"菜单命令,设置宽度为 100 像素,形成扩边效果后,选择渐变工具,将颜色从淡蓝色渐变到黄色,对选区从左上角到右下角以线性渐变方式进行填充,效果如图 3-59 所示。

图 3-58 球面化

图 3-59 渐变填充选区

(6) 新建图层,将前景色设为深灰色,背景色设为浅灰色,单击矩形选框工具绘制一个矩形,将羽化设为 5 像素,在放大镜周围绘制一个窄边的矩形做手柄,并用渐变工具填充颜色,如图 3-60 所示。

(7) 执行"编辑"|"变换"|"旋转"菜单命令,将鼠标指针移至选区外面,调整手柄

的位置，最后效果如图 3-61 所示。

图 3-60 绘制矩形

图 3-61 旋转手柄后的效果

3.5.4 扩大选取与选取相似

"扩大选取"与"选取相似"命令可以对选区进行扩大，尤其是对于使用魔棒工具创建的选区。同样，颜色的近似程度也由魔棒工具选项栏中的容差值来决定。

1．扩大选取

"扩大选取"命令用于将原有的选取范围扩大，所扩大的范围是与原有的选取范围相邻和颜色相近的区域，颜色相近似的程度由魔棒工具选项栏中的容差值来决定。

使用魔棒工具创建选区后，再执行"选择"|"扩大选取"菜单命令，即可扩大选取范围，如图 3-62 所示，这样可以有效地选取颜色相近的选区部分。

图 3-62 扩大选取

2．选取相似

"选取相似"命令也可将原有的选取范围扩大，类似于"扩大选取"。但是它所扩大的选择范围不限于相邻的区域，只要是图像中有近似颜色的区域都会被涵盖。

3.5.5 变换选区

Photoshop CC 2017 不仅能够对整个图像、某个图层或者某个选取范围内的图像进行旋

45

转、翻转和自由变换处理，而且还能够对选取范围进行任意的旋转、翻转和自由变换。

1．选区的自由变换

对选区的自由变换包括对范围的大小、倾斜角度、扭曲状况等的调整。执行"编辑"|"自由变换"菜单命令，便可进入自由变换状态，将鼠标指针指向图像便可移动图像或改变大小。具体操作步骤如下。

图 3-63　自由变换

(1) 打开图像，选取一个选区范围，然后执行"选择"|"变换选区"菜单命令，进入自由变换状态，显示编辑框，如图 3-63 所示。此时在选项栏处显示自由变换选项栏，用于设定变换的方式，如图 3-64 所示。

| | X: 2116.00 像 △ Y: 2057.00 像　W: 100.00% ⊕ H: 100.00% △ 0.00　度　H: 0.00　度 V: 0.00　度　插值: 两次立方 ∨ 毋 ⊘ ✓ |

图 3-64　自由变换选项栏

(2) 此时进入选取范围的自由变换状态。在图像窗口中右击，出现关于变换的快捷菜单，如图 3-65 所示。

(3) 从中选择变换的方式，例如选择"缩放"命令，拖动边角即可对图像进行缩放，如图 3-66 所示。

图 3-65　右键快捷菜单

图 3-66　缩放图像

2．选区的变换

除了对选区进行自由变换外，在"编辑"菜单的"变换"子菜单中还提供了变换的命令，如图 3-67 所示。

◎　"缩放"：调整选取范围的长宽比和尺寸比例。

◎　"旋转"：执行此命令时，将鼠标指针指向选区外面，待鼠标指针变成弯曲的双向箭头后按顺时针或逆时针方向旋转。

◎　"斜切"：用于对选区进行倾斜变换，将鼠标指针指向边框的中点拖动即可。

◎　"扭曲"：用于对选区进行自由调整，只需将鼠标指针指向选区的边角拖动即可。

◎　"透视"：拖动边角可产生一定形状的梯形。

◎　"变形"：选择此项后，将以网格的形式对图像进行分解，拖动分解的每个网格点即可变形图像的局部。

💡 注意：　"变换"子菜单中的命令与前面所讲的右键菜单命令相同。需要注意的是，只有在自由变换或变换状态下，右击才能出现如图 3-67 所示的菜单命令。

图 3-67　"变换"子菜单

例 3.5　制作圆锥形。

具体操作步骤如下。

(1) 按 Ctrl+N 组合键，弹出"新建文档"对话框，新建高度和宽度均为像素的文件，由于需要黑色为背景，因此设置"背景内容"为"背景色"，"颜色模式"设为"RGB 颜色"，单击"创建"按钮，如图 3-68 所示。

制作圆锥形

(2) 按 Alt+Delete 组合键进行前景色填充，就可以得到黑色的背景。新建一个图层，在画布上绘制正圆形，将前景色与背景色互换，再填充前景色，就可以得到一个白色的正圆，效果如图 3-69 所示。

(3) 给图层 1 增加图层样式，单击添加图层样式图标 𝑓𝑥，选择渐变叠加，可以得到一个光盘的大致效果，如图 3-70 所示。光盘颜色过于鲜亮，可以进行不透明度的调节，如图 3-71 所示。

(4) 按 Ctrl+J 组合键复制图层，得到图层 1 的副本，右击图层 1 副本，在弹出的快捷菜单中选择"清除图层样式"命令。

(5) 右击复制的小图，在弹出的快捷菜单中选择"选择像素"命令，再选择"选择"菜单中的"变换选区"命令，保持长宽比一致，缩小选区，如图 3-72 所示。

图 3-68　新建文件

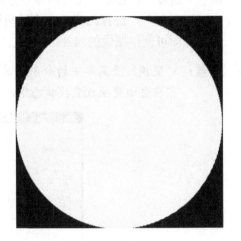

图 3-69　绘制正圆

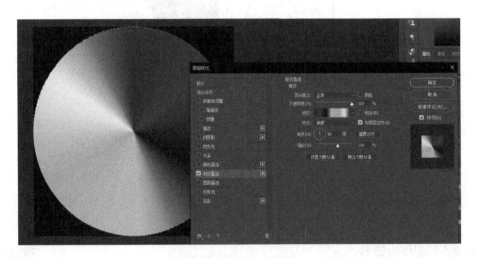

图 3-70　产生渐变效果

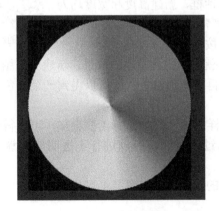

图 3-71　调整不透明度

图 3-72　缩小选区

(6)　按 Delete 键，效果如图 3-73 所示。

(7)　选中图层 1，右击小视图，在弹出的快捷菜单中选择"选择像素"命令，再选择"变换选区"命令，在保持长宽比的情况下绘制小圆，按 Delete 键。新建图层 2，在右键快捷菜单中选择"选择像素"命令，再选择"变换选区"命令，在长宽比一致的情况下，调整选区大小，并填充灰色，最终效果如图 3-74 所示。

图 3-73　删除多余的部分

图 3-74　最终效果

3.5.6　调整边缘

在前面讲解工具选项栏时，讲到工具选项栏中包括"调整边缘"按钮。执行"选择"|"选择并遮住"菜单命令，将弹出调整界面，如图 3-75 所示。其中的所有选项均用于调整选区的边缘效果，具体含义如下。

◎　半径：使用此选项可以改善包含柔化过渡或细节的区域中的边缘。

◎　平滑：使用此选项可以去除选区边缘的锯齿状边缘。使用"半径"选项可以恢复一些细节。

◎　羽化：使用此选项可以使用平均模糊柔化选区的边缘。

◎　对比度：使用此选项可以使柔化边缘变得犀利，并去除选区边缘模糊的不自然感。

◎　移动边缘：此选项的数值减小可以收缩选区边缘，增大可以扩展选区边缘。

图 3-75　调整面板

3.5.7　选区的填充与描边

创建选区之后，选区是以虚线的闪亮形式显示，为了使选区在取消选取之后，轮廓依然能够显示出来，可以对其进行填充或沿着选区的边缘进行描边。

1．选区填充

对选区可以进行颜色或图案的填充，操作之前先确定选取范围。选择"编辑"|"填充"菜单命令，打开"填充"对话框，如图 3-76 所示，从中可以设置填充的内容以及混合模式。

具体操作步骤如下。

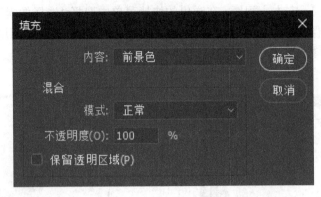

图 3-76　"填充"对话框

(1) 在"填充"对话框的"内容"下拉列表框中选择填充的内容，包括前景色、背景色、颜色、内容识别、图案、历史记录、黑色、50%灰色、白色几个选项，如图 3-77 所示。

💡 注意：若选择"图案"选项，则此下方的"自定图案"选项变为可选，从中可以选择填充的图案。系统提供了多种图案类型，用户也可以通过"编辑"|"定义图案"菜单命令自定义图案，自定义的图案也会显示在此处。

(2) 在"混合"选项组中设置填充的混合显示效果，包括混合模式、不透明度以及是否保留透明区域几个选项。

使用图案填充选区的效果如图 3-78 所示。

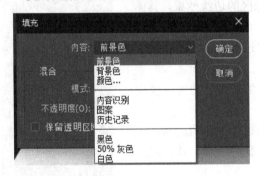 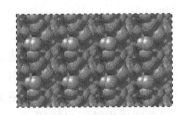

图 3-77　填充的内容　　　　　　　　　图 3-78　使用图案填充选区

2．选区描边

除了对选区进行填充之外，还可以沿着选区的边缘进行描边，描边后即使取消选区也可以看到原选区的轮廓。具体操作步骤如下。

(1) 创建选区，也可以选取需要描边的部分，执行"编辑"|"描边"菜单命令，弹出"描边"对话框，如图 3-79 所示。

(2) 在"描边"选项组中设置宽度及颜色，在"宽度"文本框中输入数值；单击"颜色"后的色块，弹出"拾色器"选取描边颜色对话框，从中选择描边的颜色，如图 3-80 所示。

(3) 在"位置"选项组中设置描边颜色位于选区的位置，分为"内部""居中""居外" 3 个位置选项，每种位置的效果如图 3-81 所示。

图 3-79 "描边"对话框

图 3-80 设置描边颜色

(a) 内部

(b) 居中

(c) 居外

图 3-81 描边的位置

(4) 与填充类似，在"混合"选项组中设置描边颜色的混合模式，设置完成后单击"确定"按钮即可。

3.6 选区的存储与载入

在使用完一个选区后，可以将它保存起来，以备重复使用。保存后的选取范围将成为一个蒙版显示在"通道"面板中，当需要时可以从"通道"面板中载入。

图 3-82 "存储选区"对话框

1. 存储选区

存储选区的具体操作步骤如下。

(1) 创建一个选区，执行"选择"|"存储选区"菜单命令，弹出"存储选区"对话框，如图 3-82 所示。

◎ "文档"：此下拉列表框用来设置保存选取范围时的文件位置，默认为当前图像文件。

◎ "通道"：在此下拉列表框中为选取范围选取一个目的通道，默认情况下选取范围被存储在新通道中。

◎ "名称"：在此文本框中设定新通道的名称。该文本框只有在"通道"下拉列表框中选择了"新建"选项时才有效。

◎ "操作"：在此选项组中设定保存时的选取范围和原有的选取范围之间的组合关系，默认为选中"新建通道"单选按钮。

(2) 设置完成后单击"确定"按钮，此时在"通道"面板中可以看到存储的选区，如图 3-83 所示为以"小猫"命名的选区。

2．载入选区

在前面存储选区之后，会进行一些其他的操作，此时原来创建的选区已经取消，当再次需要之前的选区时，可再载入选区。

(1) 执行"选择"|"载入选区"菜单命令，弹出"载入选区"对话框，如图 3-84 所示，从中选择存储的选区名称。

图 3-83　存储在"通道"中的选区　　　　图 3-84　"载入选区"对话框

◎ "文档"：选择图像文件名，即从哪一个图像中载入选区。

◎ "通道"：选择通道名称，即选择安装哪一个通道中的选取范围。

◎ "反相"：选中该复选框，会将选取范围反选。

◎ "操作"：设置载入方式。默认为选中"新建选区"单选按钮，其他的只有在图像上已有选区内可以使用。

(2) 设置载入的选区后，单击"确定"按钮，此时在图像窗口中将再次出现原来存储的选区，如图 3-85 所示。

例 3.6　制作心心相印的效果。

下面举例来具体说明如何通过选区的载入与编辑制作心心相印的效果。

具体操作步骤如下。

图 3-85　载入选区

(1) 执行"文件"|"新建"菜单命令，弹出"新建文档"对话框，将高度和宽度均设为 800 像素，"背景内容"为白色，"颜色模式"为"RGB

心心相印效果图制作

颜色"，单击"创建"按钮，如图 3-86 所示。

(2) 新建一个图层，将前景色设为红色，单击 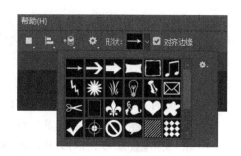(自定形状工具)按钮，在选项工具栏中单击"形状"下拉按钮，选择红桃心形，绘制一个心形，如图 3-87 所示。

图 3-86 新建文件

图 3-87 选择红桃心形

(3) 选择心形图层，绘制心形选区。执行"选择"|"修改"|"收缩"菜单命令，弹出"收缩选区"对话框，设置收缩量为 25 像素，单击"确定"按钮。先栅格化图层，再按 Delete 键删除选区中的图像，效果如图 3-88 所示。

(4) 执行"视图"|"标尺"菜单命令，显示标尺，然后创建参考线。单击工具箱中的多边形套索工具，设置工具选项栏中的"羽化"选项值为 0 像素。在图像中创建一个三角形选区，按 Delete 键删除选区中的图像，效果如图 3-89 所示。

图 3-88 形成心形

图 3-89 删除选区中的图像

(5) 选择心形图层，执行"选择"|"载入选区"菜单命令，弹出"载入选区"对话框，单击"确定"按钮，如图 3-90 所示。新建图层，并在新图层中填充灰色。

(6) 使用移动工具移动选区图形，效果如图 3-91 所示。

图 3-90 载入选区

图 3-91 填充并调整选区

本 章 小 结

本章主要介绍了创建、编辑选区的基本操作。通过对本章内容的学习，读者可以在图像中选择不同形状的选取范围，并对选取范围进行缩放、旋转、翻转、自由变换以及安装和保存选取范围等操作。此外，本章还介绍了羽化效果的制作以及选区应用的实例，可使读者进一步熟悉创建、编辑选区的基本操作。

课 后 习 题

一、选择题

1. 在下面的表述中，正确的说法有(   )。

    A. 使用▦(矩形选框)工具，按 Shift 键，可以从中心拖出正方形选区

    B. 使用▦(矩形选框)工具，按 Shift 键，可以从中心拖出圆形选区

    C. 使用▦(矩形选框)工具，按 Shift+Alt 组合键，可以从中心拖出正方形选区

    D. 使用▦(矩形选框)工具，按 Ctrl+Alt 组合键，可以从中心拖出圆形选区

2. 关于羽化的解释正确的有(   )。

    A. 羽化就是使选区的边界变成柔和效果

    B. 羽化就是使选区的边界变得更平滑

    C. 如果向羽化后的选区内填充一种颜色，其边界是清晰的

    D. 羽化后选区中的内容，如果粘贴到别的图像中，其边缘会变得模糊

3. 对于磁性套索工具，可以设置的选项有(   )。

    A. 羽化   B. 消除锯齿   C. 容差   D. 频率

4. (   )命令或工具依赖于容差值设置。

    A. 扩展   B. 反差   C. 颜色范围   D. 魔棒工具

5. 下列说法正确的有(   )。

    A. 可对做完的选区进行编辑

    B. 只能在做选区之前，在选项面板中设置羽化值

    C. 只有在做选区之后，才能对选区进行羽化

    D. 以上 B 和 C 的说法都不正确

6. 下列关于选择工具的说法正确的有(   )。

    A. 单击选择工具会出现相应的选项面板

    B. 双击选择工具会出现相应的选项面板

    C. 在选择工具上右击会弹出菜单供选择

    D. 以上说法都正确

7. 在做选区时如果按 Shift 键，可以(   )。

    A. 画出一正圆选区   B. 画出一正方形选区

    C. 画出一椭圆选区   D. 画出一正多边形选区

8. 选取相似颜色的连续区域的操作是(　　)。

    A. 增长　　　　　B. 相似　　　　　C. 魔棒　　　　　D. 自由套索

二、填空题

1. 选框工具是 Photoshop 中最基本、最简单的选择工具，主要用于创建简单的选区以及图形的拼接、剪裁等。使用该工具可以选择4种形状的范围：_____、_____、_____和_____。

2. _____是用于选取圆形或椭圆形选区的工具。

3. _____与选框工具不同的是其用于不规则图像及手绘线段的选择。其中包括3 种工具：_____工具、_____工具和_____工具。

4. _____工具主要用来选取范围。在进行选取时，使用该工具能够选择出颜色相同或相近的区域。

5. 魔棒工具和快速选择工具都是非常有用的工具，但是通过目测来划分颜色选区是不准确的，因此 Photoshop 提供了更好的替代工具，那就是_____命令。

6. 除了对选区进行自由变换外，在"变换"子菜单中还提供了变换的命令，其中包括_____、_____、_____、_____、_____、_____6种。

三、上机操作题

1. 制作具有艺术效果的照片。

打开素材文件，利用矩形选框工具，羽化为 25 像素来选取人物图像。对图像进行编辑，制作合成图像，效果如图 3-92 所示。

图 3-92　具有艺术效果的照片

2. 制作邮票。

打开素材文件，利用椭圆选框工具、选区移动、输入文字等操作制作邮票，效果如图 3-93 所示。

提示：齿形的制作。建立矩形选区并进行填充后，在左上方绘制一个圆形，删除圆形内的图像，然后依次移动选区并删除。

3. 制作圆筒。

利用选区、渐变等操作，制作圆筒的图像效果，效果如图 3-94 所示。

提示：利用选区的加减、编辑渐变和图层等操作，制作圆柱面。

图 3-93　制作的邮票

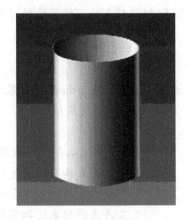

图 3-94　制作圆筒

第 **4** 章

绘图工具的应用

　　利用工具进行绘图是 Photoshop 的重要功能之一。Photoshop 提供了画笔工具和铅笔工具，在平面设计中会经常用到这些绘图工具。绘画是用绘画工具更改像素的颜色。在默认情况下，画笔工具创建颜色的柔性描边，而铅笔工具则创建硬边手绘线。

4.1 画笔工具

　　画笔工具用于更改像素的颜色。在 Photoshop 中，画笔工具组中包括 4 个工具，如图 4-1 所示，分别为画笔工具、铅笔工具、颜色替换工具、混合器画笔工具。下面分别讲解几种常用工具的应用方法。

图 4-1　画笔工具

4.1.1　画笔的操作

　　画笔工具，顾名思义，可以像使用画笔一样在画板中绘出各种各样的图形。除了使用默认的画笔类型外，还可以进行创建新画笔、自定义画笔、存储画笔、载入画笔等操作。

1．使用画笔

　　使用画笔的基本操作步骤如下。

　　(1)　指定前景色(两个叠起的方格中位于第一层的颜色为前景色。在图 4-2 中，白色为前景色)，因为画笔使用的颜色为前景色所显示的颜色，单击工具箱中的前景色按钮，弹出"拾色器(前景色)"对话框，从中选择所需的颜色，如图 4-3 所示。

图 4-2　前景色图标

图 4-3　设置前景色

　　(2)　单击工具箱中的 (画笔工具)按钮，此时在菜单栏下显示画笔工具选项栏。

　　(3)　在画笔工具选项栏中单击"画笔"列表框右侧的下三角按钮，弹出下拉列表，从中可以选择不同类型和不同大小的画笔，如图 4-4 所示。

　　(4)　在图像文件中拖曳鼠标进行绘画。如图 4-5 所示，同一支画笔(如柔边圆)，不同的大小与硬度将会画出不同的效果。

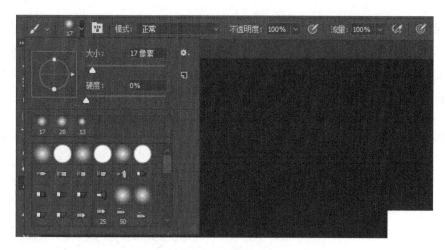

图 4-4　选择画笔类型

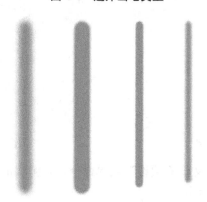

图 4-5　使用画笔绘制

💡 **注意**：要绘制直线，可按住 Shift 键并拖动鼠标。

2. 创建新画笔

在使用画笔进行绘图时，除了 Photoshop 中所提供的画笔样式，用户还可以通过自己创建新画笔来绘制图形。具体操作步骤如下。

(1)　在工具箱中单击画笔工具，执行"窗口"|"画笔"菜单命令，或单击画笔工具选项栏中的▣(切换画笔调板)按钮，打开"画笔"面板，如图 4-6 所示。

(2)　单击面板底部的▣(创建新画笔)按钮，弹出"画笔名称"对话框，输入新画笔的名称，单击"确定"按钮即可。

💡 **注意**：也可以在如图 4-6 所示的"画笔"面板中单击其右上方的小三角按钮，打开"画笔"面板菜单，选择其中的"新建画笔预设"命令(参见后面的图 4-12)。

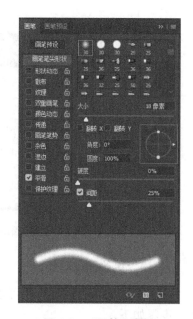

图 4-6　"画笔"面板

3．自定义画笔

可以通过编辑其选项来自定义画笔的笔触形状，并通过采集图像中的像素样本来创建新的画笔笔触形状。所选的画笔笔触决定了画笔笔触的形状、直径和其他特性。具体操作步骤如下。

(1) 打开想要定义成画笔的素材文件，如图 4-7 所示。首先在图层选项板里，双击背景图层将其改为普通图层，单击工具栏中的魔棒工具，在图像中选择白色的背景部分，按 Delete 键删除，留下想要的图案部分，如图 4-8 所示。

图 4-7 素材图片　　　　　　　　　　　　　图 4-8 自定义画笔

(2) 执行"编辑"|"定义画笔预设"菜单命令，在弹出的对话框中输入画笔名称并单击"确定"按钮，如图 4-9 所示。

(3) 单击画笔工具，在"画笔"面板最下面即可找到刚才定义的画笔，选中即可画出图形，如图 4-10 所示。

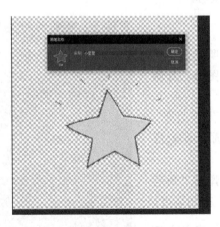

图 4-9 输入画笔名称　　　　　　　　　　　图 4-10 画出图形效果

4．更改画笔设置

对于现有的画笔，还可以对其进行修改，包括直径、硬度、间距等属性。具体操作步骤如下。

(1) 在工具箱中单击"画笔"工具，在工具选项栏中单击按钮，打开"画笔"面板，选择"画笔笔尖形状"选项。

(2) 在对应的选项卡中可以设置画笔的"直径""硬度""间距""角度""圆度"等属性。

◎ "直径"：用来定义画笔直径大小。

◎ "硬度"：用来定义画笔边界的柔和程度。不能更改样本画笔的硬度。

◎ "间距"：用来控制描边中两个画笔笔迹之间的距离。当取消选中此选项时，光标的速度决定间距。

◎ "角度"：用来指定椭圆画笔或样本画笔的长轴沿水平方向旋转的角度。

◎ "圆度"：用来指定画笔短轴和长轴的比率。100%时是正圆，0 时椭圆外形最扁平，介于两者之间的值表示椭圆画笔。

(3) 除了上述参数外，还可以设置画笔的其他效果，如"形状动态""散布""纹理""双重画笔"等，设置完成后关闭此面板即可。

5．存储画笔

前面讲到了如何新建画笔，对于新建的画笔在关闭程序后会自动消失。若需要长期使用，可以将"画笔"面板的设置保存起来。具体操作步骤如下。

(1) 在"画笔"面板中单击设置按钮，在弹出的面板菜单中选择"存储画笔"命令。

(2) 打开"存储"对话框，在对话框中设置保存的画笔的名称和位置，单击"保存"按钮即可。

6．载入画笔

在 Photoshop 中提供了多种画笔，但是有些在默认情况下是不显示的，需要使用这些未显示的画笔时，可将其载入软件中。具体操作步骤如下。

(1) 在"画笔"面板中单击设置按钮，在弹出的面板菜单中选择"载入画笔"命令。

(2) 在弹出的对话框中选择画笔文件，单击"载入"按钮即可，如图 4-11 所示。

图 4-11 载入画笔

💡 **注意**：Photoshop 附带的画笔文件位于 Photoshop 安装目录的 Photoshop\Presets\Brushed 文件夹中。

7. 删除画笔

若创建的画笔不想保留，可以对该画笔进行删除。

在"画笔"面板中选择要删除的画笔，然后选择"画笔"面板菜单中的"删除画笔"命令，也可以在准备删除的画笔上右击，在弹出的快捷菜单中选择"删除画笔"命令。

8. 替换画笔

选择"画笔"面板菜单中的"替换画笔"命令，可以打开"替换"对话框，从中选择要使用的画笔文件，单击"载入"按钮，就可以载入新画笔，同时替换面板中原有的画笔。

9. 复位画笔

选择"画笔"面板菜单中的"复位画笔"命令，可以将"画笔"面板中的所有画笔设置恢复为初始的默认状态。选择"复位画笔"命令后出现提示"要用默认画笔替换当前画笔吗？"，单击"是"按钮，将替换原有画笔；单击"追加"按钮，则在保留原有画笔的基础上增加新载入的画笔。

10. 重命名画笔

右击 ⚙(齿轮状图标)，选择"画笔"面板菜单(即这时的右键快捷菜单)中的"重命名画笔"命令，可以对当前所选中的画笔进行重命名，如图 4-12 所示。

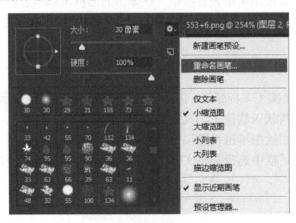

图 4-12　重命名画笔

11. 更改预设画笔的显示方式

在"画笔"面板菜单中选取要进行显示的选项。

◎　"仅文本"：以列表形式查看画笔。

◎　"小缩览图"或"大缩览图"：以缩览图形式查看画笔。

◎　"小列表"或"大列表"：以列表形式查看画笔(带缩览图)。

◎　"描边缩览图"：查看样本画笔描边(带每个画笔的缩览图)。

4.1.2　画笔工具组

绘图是用绘图工具更改像素的颜色。我们可以渐变地应用颜色，采用柔化边缘和转换操作，并利用强大的滤镜效果处理个别像素。Photoshop 提供了 ✎(画笔工具)按钮和 ✐(铅笔工具)按钮，可以用当前的前景色进行绘画。在默认情况下，画笔工具创建颜色的柔描边，而铅笔工具创建硬边手画线。

1．铅笔工具

铅笔工具可以在当前图层或所选择的区域内模拟铅笔的效果进行描绘，画出的线条硬、有棱角，就像实际生活中使用铅笔绘制的图形一样。如图 4-13 所示，这是使用铅笔工具绘制后的效果。

具体操作步骤如下。

(1)　在工具箱上选中铅笔工具，然后选取一种前景色。

(2)　在选项栏中设置铅笔的形状、大小、模式、不透明度、流量等参数。

(3)　在绘画区鼠标指针变为相应的形状时便可开始绘画。

在铅笔工具选项栏中有一个"自动抹掉"复选框。选中此复选框可以实现自动擦除的功能，即可以在前景色上绘制背景色。

💡 **注意**：当开始拖动时，如果光标的中心在前景色上，则该区域将绘制成背景色；如果在开始拖动时光标的中心在不包含前景色的区域上，则该区域将绘制成前景色。

2．画笔工具

画笔工具是使用绘画和编辑工具的重要部分。画笔工具可以绘制出比较柔和的线条，其效果如同用毛笔画出的线条，如图 4-14 所示。图像尺寸=像素数目/分辨率，如果像素固定，那么提高分辨率虽然可以使图像比较清晰，但尺寸却会变小；反之，降低分辨率图像会变大，但画质比较粗糙。

图 4-13　铅笔工具绘制的线条

图 4-14　画笔工具绘制的线条

4.2　画笔工具的选项设置

在画笔工具和铅笔工具的工具选项栏中可以对工具的一些属性进行设置，本节主要讲解一些选项的具体含义。

4.2.1 混合模式

"模式"下拉列表框用于设置绘图时的颜色混合模式。色彩混合是指用当前绘画工具应用的颜色与图像原有的底色进行混合，从而产生一种结果颜色。选中"画笔"工具，在其选项栏中打开"模式"下拉列表，其中共提供了包括正常模式在内的 25 种色彩混合模式。

4.2.2 不透明度

"不透明度"选项用来指定画笔工具、铅笔工具、仿制图章工具、图案图章工具、历史记录画笔工具、历史记录艺术画笔工具、渐变工具、油漆桶工具等应用的最大油彩覆盖量。

利用"不透明度"下拉列表框可以设置画笔的不透明程度，在其后的文本框中输入数值，或单击旁边的小三角按钮，打开标尺，通过拖动标尺上的滑块即可进行调节，效果如图 4-15 所示。

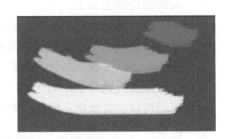

图 4-15　不透明度图示

4.2.3 流量

"流量"选项用来指定"画笔"工具应用油彩的速度，较低的设置形成较轻的描边。

利用"流量"下拉列表框可以设置绘图颜色的浓度比率。在"流量"下拉列表框中输入 1～100 的整数，或者单击下拉列表右侧的小三角按钮，在弹出的下拉列表中用鼠标拖动滑块即可进行调节。浓度值越小，颜色越浅；当浓度值为 100%时，颜色的各项参数就是调色板中设置的数值，如图 4-16 所示。

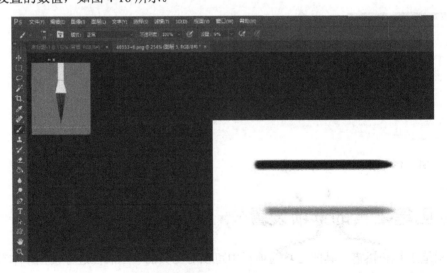

图 4-16　流量设置效果示例

注意：按数字键，以 10%的倍数设置工具的不透明度、流量、强度或曝光度(按1设置为 10%，按 0 设置为 100%)。

4.2.4 杂色

"杂色"选项可用来向个别的画笔笔尖添加额外的随机性。当应用于柔画笔笔尖(包含灰度值的画笔笔尖)时，此选项最有效。

启用或停用"杂色"选项的操作：在"画笔"面板中，如选中面板左侧的"杂色"复选框，表示已启用"杂色"选项；反之，如取消选中该复选框，则停用该选项。

4.2.5 湿边

"湿边"选项可沿画笔描边的边缘增大油彩量，从而创建水彩效果。

启用或停用画笔湿边：在"画笔"面板中，如选中面板左侧的"湿边"复选框，表示已启用"湿边"选项；反之，如取消选中该复选框，则停用该选项。

4.2.6 渐隐

"渐隐"选项可按指定数量的步长在 100%和"最小圆度"值之间渐隐画笔笔迹的圆度。

使用画笔渐隐：单击"形状动态"选项，在右侧的"控制"下拉列表中选择"渐隐"选项，在右侧的文本框中输入具体的数值，其效果如图 4-17 所示。

图 4-17 渐隐分别为 50 和 100 的效果

例 4.1 制作背景效果。

下面举例来具体说明如何使用画笔工具创建多个图案的背景效果。具体操作步骤如下。

画笔工具创建多个图库背景效果

(1) 执行"文件"|"新建"菜单命令，或按 Ctrl+N 组合键，建立新文件，长宽均为 1000 像素，其他参数设置如图 4-18 所示。

(2) 打开素材图像，选中其中的图像，执行"编辑"|"定义画笔预设"菜单命令，弹出"画笔名称"对话框，单击"确定"按钮，如图 4-19 所示。

(3) 单击工具箱中的画笔工具，单击工具选项栏中的 按钮，弹出"画笔"面板，从中设置画笔的形态，如图 4-20 所示。

(4) 在新建的文件中拖动鼠标指针，定义的画笔将显示在文件中，多次拖动可以创建多个图形，如图 4-21 所示。

图 4-18　新建文件

图 4-19　定义画笔

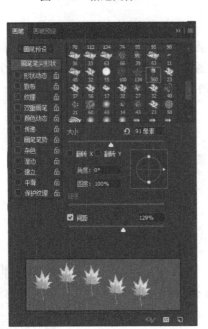

图 4-20　设置画笔形态

图 4-21　使用画笔

4.3　油漆桶工具

油漆桶工具可用来按像素相似的相邻像素填充颜色值与点，如图 4-22 所示。

在使用油漆桶工具之前要选定前景色，然后在图像中单击以填充前景色。如果进行填充之前选取了范围，则填充颜色只对选取范围之内的区域有效。图 4-23 所示为油漆桶工具的选项栏。在"填充"下拉列表框中选择"前景"选项，则以前景色进行填充；若选择"图案"选项进行填充，则选项栏中的"图案"下拉列表框会被激活，从中可以选择用户已经定义的图像进行填充。

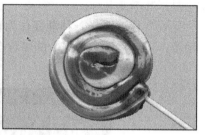

图 4-22　使用油漆桶工具填充的效果

图 4-23　油漆桶工具的选项栏

💡 **注意**：如果正在图层上工作，并且不想填充透明区域，则一定要在"图层"面板中锁定图层的透明度。

4.4　渐变工具

通过 ▨ (渐变工具)按钮可以创建多种颜色间的逐渐混合，使用渐变工具可非常方便地在图像中产生两种或两种以上的颜色渐变效果。用户可直接使用系统提供的渐变模式，也可以自己定义所需的渐变模式。

通过在图像中拖动用渐变填充区域。起点(按下鼠标左键处)和终点(释放鼠标左键处)会影响渐变外观，如果不指定选区，渐变工具将作用于整个图像。该工具的使用方法是按住鼠标左键在图像编辑区域内拖动，产生一条渐变直线后释放鼠标左键即可。渐变直线的长度和方向决定了渐变填充的区域和方向，在拖动鼠标的同时按住 Shift 键可产生水平、垂直或 45°角的渐变填充。

💡 **注意**：渐变工具不能用于位图、索引颜色或每通道 16 位模式的图像。

1. 应用渐变填充

如果要填充图像的一部分，选择要填充的区域；否则，渐变填充将应用于整个当前图层。如图 4-24 所示，这是渐变工具的选项栏。

图 4-24　渐变工具的选项栏

应用渐变填充的具体操作步骤如下。

(1) 选择渐变工具，在工具选项栏中选择渐变填充。单击渐变样本旁边的三角形按钮，选择预设渐变填充。

　　除此之外，也可以在渐变样本框上单击，打开"渐变编辑器"对话框。调节选择的预设渐变填充，然后单击"确定"按钮。

　　(2) 在"渐变编辑器"对话框中，单击选择"预设"栏下的任意渐变图标，在"名称"文本框中都会显示其渐变名称。

　　(3) 在"预设"栏下选择一种渐变作为自定义的基础，然后在对话框中的预览条上拖动任意一个滑板，"名称"文本框中的名称自动变成"自定"，如图4-25所示，此时可以输入名称。

图 4-25　自定义名称

　　(4) 预览条上的滑块分为上下两部分，上面的滑块用来设置渐变的不透明度。当单击选择一个滑块时，对话框底部的"不透明度"和"位置"选项变为可用。"不透明度"用来设置不透明渐变的百分比，"位置"用来显示当前选择的滑块在预览条上的位置。

　　预览条下面的滑块用来设置渐变的颜色。当单击选择一个滑块时，对话框底部的"颜色"和"位置"选项变为可用。单击颜色块可打开"拾色器"对话框，然后可从中选择需要的颜色。

　　预览条中两个滑块之间有一个小的空心菱形，用来表示其相邻滑块的中间位置，可以通过拖动来改变其位置。

　　在预览条的任意位置单击可产生一个新的滑块；如果在已选择一个滑块的情况下单击，则可实现滑块的复制。

　　(5) 当自定义好颜色渐变后，单击对话框中的"新建"按钮，则自定义好的颜色渐变自动添加到"预设"栏下的列表框中。

　　(6) "渐变编辑器"中的"渐变类型"下拉列表框中有两个选项："实底"和"杂色"。Photoshop 默认的是"实底"选项；当选择"杂色"选项时，"渐变编辑器"底部显示该选项下的设置，如图4-26所示。

　　◎　"粗糙度"：用来控制杂色颜色渐变的平滑程度，其范围是 0～100%。输入的数值越大，则颜色转换时越不平滑。

　　◎　"颜色模型"：其下拉列表框中有 3 个选项，即 RGB、HSB 和 Lab，用来设置不同的颜色模式产生的随机颜色，作为渐变的基础。

◎ "限制颜色"：用来限制杂色渐变中的颜色。选中此选项后，使渐变过渡更平滑。

◎ "增加透明度"：选中此选项后，将增加杂色的透明度。

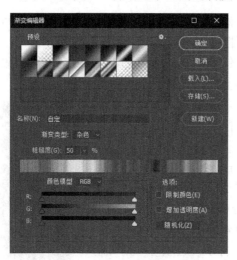

图 4-26　渐变类型为杂色时的设置

(7) 在渐变工具的工具选项栏中选择应用渐变填充的选项。

◎ ▨(线性渐变)：按从起点到终点的直线方向逐渐改变颜色。

◎ ▨(径向渐变)：从起点到终点以圆形图案沿半径方向进行颜色的逐渐改变。

◎ ▨(角度渐变)：围绕起点按顺时针方向进行颜色的逐渐改变。

◎ ▨(对称渐变)：在起点两侧进行对称性的颜色逐渐改变。

◎ ▨(菱形渐变)：从起点向外侧以菱形图案进行颜色的逐渐改变。

(8) 在渐变工具的工具选项栏中执行下列操作，产生其他渐变效果。

◎ "反向"：选中此复选框时，产生的渐变颜色与设置的颜色渐变顺序反向。

◎ "仿色"：选中此复选框时，用递色法来表现中间色调，使颜色渐变更加平滑。

◎ "透明区域"：选中此复选框时，可产生不同颜色段的透明效果。在需要使用透明蒙版时选择此项。

(9) 将鼠标指针定位在图像中要设置为渐变起点的位置，然后拖动鼠标以定义终点。
使用渐变进行填充的效果如图 4-27 所示。

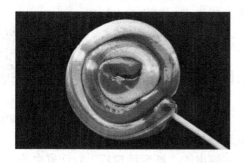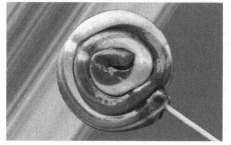

图 4-27　渐变效果

2. 定义渐变填充效果

在进行实际创作时，可以对渐变颜色进行编辑，以获得新的渐变色。

具体操作步骤如下。

(1) 选择渐变工具，然后在工具选项栏中单击"渐变"下拉列表框中的渐变预览条，打开"渐变编辑器"对话框。

(2) 单击"新建"按钮，建立一个渐变颜色。此时在"预设"列表框中将多出一个渐变样式，单击并在其基础上进行编辑。

(3) 在"名称"文本框中输入新建渐变的名称，再在"渐变类型"下拉列表框中选择"实底"选项。

(4) 在渐变色带上单击起点颜色标志(在色带的下边缘)，此时"色标"选项组中的"颜色"下拉列表框将会置亮，接着单击"颜色"下拉列表框右侧的三角按钮，如图 4-28 所示，选择一种颜色。当选择"前景"或"背景"选项时，则可用前景色或背景色作为渐变颜色；当选择"用户颜色"时，需要用户自己指定一种颜色。选定起点颜色后，该颜色会立刻显示在渐变色带上，接着用同样的方法指定渐变的终点颜色就可以了。

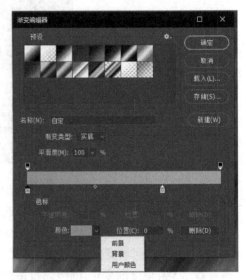

图 4-28 "渐变编辑器"对话框

💡 **注意：** 如果用户要在颜色渐变条上增加一个颜色标志，则可以移动鼠标指针到色带的下方，当鼠标指针变为小手形状时单击即可。

(5) 指定渐变颜色的起点和终点颜色后，还可以指定渐变颜色在色带上的位置，以及两种颜色之间的中点位置。设置渐变位置可以拖动标志，也可以在"位置"文本框中直接输入数值精确定位。如果要设置两种颜色之间的中点位置，可以在渐变色带上单击中点标志，并拖动即可。

(6) 设置渐变颜色后，如果想给渐变颜色设置一个透明蒙版，可以在渐变色带上边缘选中起点透明标志或终点透明标志，然后在"色标"选项组的"不透明度"和"位置"文本框中设置不透明度和位置，并且调整这两个透明标志之间的中点位置。

(7) 单击"确定"按钮即可完成编辑。

例 4.2 使用渐变进行填充。

下面举例来具体说明如何使用渐变工具对图形进行渐变处理。

具体操作步骤如下。

(1) 打开文件图片。

用渐变工具对图形
进行渐变填充

(2) 在工具箱中选取渐变工具，并在工具选项栏中设置选项，如图 4-29 所示。

(3) 单击工具选项栏中的"渐变项"框，在弹出的"渐变编辑器"对话框中的"预设"列表框中，选择"前景到背景"选项。

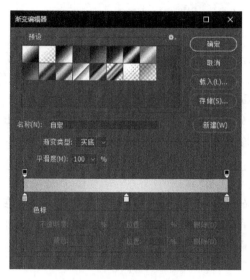

图4-29 渐变工具的选项栏

(4) 单击其右侧的"新建"按钮创建一个新渐变项，如图4-30所示。

(5) 在素材图中自右下向左上拖动，产生的渐变效果如图4-31所示。

图4-30 设置渐变色   图4-31 设置渐变色

本 章 小 结

本章主要介绍了画笔、橡皮擦、油漆桶、渐变等绘图工具的使用方法，画笔和渐变工具的使用是本章的重点，熟悉"画笔"面板中的众多参数是很重要的。在学习的过程中要注意区分几种不同的填充方式，练习使用它们，并注意比较它们之间的联系和区别。

课 后 习 题

一、选择题

1. 设定画笔颜色时，在使用画笔之前需要设置(　　)。

    A. 前景色   B. 背景色   C. 载入画笔   D. 复位画笔

2. 在工具箱中单击画笔工具，在工具选项栏中单击按钮，打开"画笔"面板，选择"画笔笔尖形状"选项，不包括(　　)。

    A. 直径   B. 角度   C. 圆度   D. 颜色

3. 在铅笔工具的工具选项栏中有一个(　　)复选框，选中此复选框可以实现自动擦除的功能，即可以在前景色上绘制背景色。

    A. 复位   B. 自动抹掉   C. 喷枪   D. 不透明度

4. 油漆桶使用(　　)作为填充的颜色。

    A. 背景色   B. 前景色   C. 渐变色   D. 图层颜色

5. 渐变颜色应用的方法是(   )。

    A. 将指针定位在图像中要设置为渐变起点的位置，然后拖动以定义终点

    B. 直接在图像中单击鼠标

    C. 在"渐变编辑器"对话框中单击"确定"按钮即可应用

    D. 系统集成

二、填空题

1. _____，顾名思义，可以像使用画笔一样在画板中绘出各种各样的图形。除了使用默认的画笔类型外，还可以进行创建新画笔、自定义画笔、存储画笔、载入画笔等操作。

2. 执行_____|_____命令，打开"画笔"面板，从中设置画笔的笔触类型。

3. _____工具可以在当前图层或所选择的区域内模拟铅笔的效果进行描绘，画出的线条硬、有棱角，就像实际生活当中使用铅笔绘制的图形一样。

4. "不透明度"指定_____、_____、_____、_____、_____、_____、_____和_____等应用的最大油彩覆盖量。

5. 使用_____工具可以创建多种颜色间的逐渐混合。使用_____可非常方便地在图像中产生两种或两种以上的颜色渐变效果，用户可直接使用系统提供的渐变模式，也可自己定义所需的渐变模式。

三、上机操作题

1. 制作具有水晶效果的按钮，通过选框工具创建图形轮廓，使用渐变工具填充渐变颜色，如图 4-32 所示。

2. 制作公司 logo，使用路径绘制工具轮廓，使用渐变工具填充渐变颜色，如图 4-33 所示。

图 4-32   水晶效果的按钮   图 4-33   公司 logo

3. 制作化妆品手提袋，绘制出手提袋的外形之后，通过渐变工具填充渐变颜色，如图 4-34 所示。

图 4-34   制作化妆品手提袋

第 **5** 章

修图工具的应用

　　Photoshop 作为平面设计的首选软件，对图像进行修改的功能有很多，在工具箱中也提供了很多种修图的工具。通过这些工具可以在图像中直接作用，产生所需的图像效果。

5.1 图章工具

图章工具，顾名思义，功能与日常生活中使用的图章类似，可以将图章工具上的图像复制到单击的位置，就像平时用图章来盖章一样。在 Photoshop 中提供了两种图章工具，分别为仿制图章工具和图案图章工具。右击工具箱中的图章工具按钮，弹出一组菜单，从中选择所需的图章工具，如图 5-1 所示。

图 5-1　图章工具

5.1.1　仿制图章工具

仿制图章工具主要用于将图像的一部分绘制到同一图像的另一部分或绘制到具有相同颜色模式的任何打开的文档的另一部分，也可以将一个图层的一部分绘制到另一个图层。仿制图章工具对于复制对象或移去图像中的瑕疵很有用。

(1) 在图 5-1 所示菜单中选择仿制图章工具，此时弹出工具选项栏，如图 5-2 所示，从中可以设置仿制图章的相关属性。其中各项属性的含义如下。

图 5-2　仿制图章工具的工具选项栏

◎ "画笔"：在此下拉列表框中可以选择任意一种画笔样式并可对选择的画笔进行编辑。

◎ "模式"：在此下拉列表框中可设置复制生成图像与在底图的混合模式，还可设置其不透明度、扩散速度和喷枪效果。

◎ "对齐"：连续对像素进行取样，即使释放鼠标按键，也不会丢失当前取样点。如果取消选中"对齐"复选框，则会在每次停止并重新开始绘制时使用初始取样点中的样本像素。

◎ "样本"：从此下拉列表框指定的图层中进行数据取样。要从现用图层及其下方的可见图层中取样，请选择"当前和下方图层"；要仅从现用图层中取样，请选择"当前图层"；要从所有可见图层中取样，请选择"所有图层"；要从调整图层以外的所有可见图层中取样，请选择"所有图层"，然后单击"取样"弹出式菜单右侧的"忽略调整图层"图标。

(2) 可通过将指针放置在任意打开的图像中，然后按住 Alt 键并单击来设置取样点。

(3) 如图 5-3 所示，用仿制图章工具仿制位于最中间的花朵，并向左上方拖动，被仿制成功的图形部分与被选取的原图部分完全一致。

在设置取样点作为仿制源时，可在"仿制源"面板中进行设置，如图 5-4 所示。最多可以设置 5 个不同的取样源。"仿制源"面板将存储样本源，直到关闭文档为止，其中各项含义如下所示。

◎ 设置样本源：要选择所需样本源，单击"仿制源"面板中的仿制源按钮。它包括 5

个仿制源按钮，表示最多可以设置 5 个不同的样本源，如图 5-5 所示。单击某个按钮即可在左下方显示出样本源所在的文件。

图 5-3　仿制图像部分

图 5-4　"仿制源"面板

图 5-5　添加的 5 种样本源

◎ 位移：要缩放或旋转所仿制的源，可输入 W(宽度)或 H(高度)的值，或输入旋转角度⊿，还可以输入 X、Y 的像素值。

◎ 显示叠加：要显示仿制的源的叠加，选中"显示叠加"复选框，并在下面的区域中指定叠加选项。

例 5.1 消除儿童脸上的斑点。

具体操作步骤如下。

(1) 创建新文档，导入人脸素材(见图 5-6)。

清除人脸上的斑点

图 5-6　打开素材文件

(2) 选择工具箱中的仿制图章工具,在窗口中按住 Alt 键单击图 5-7 中的无斑区域,选择仿制源。

(3) 释放 Alt 键,在人物脸部的斑点上单击鼠标,去除斑点,用同样的方法去除其他斑点,如图 5-8 所示,人物脸部斑点基本去除。

图 5-7　创建仿制源

图 5-8　去除斑点

5.1.2　图案图章工具

图案图章工具可以将 Photoshop 自带的图案或定义的图案填充到图像中(也可在创建的选择区域进行填充)。图案图章工具的工具选项栏如图 5-9 所示,和仿制图章工具中的选项设置一样,不同的是图案图章工具直接用图案进行填充,并不需要按住 Alt 键进行取样。

| ⊗⊥ ▼ | 21 | 模式: 正常 | ∨ | 不透明度: 100% | ∨ | 流量: 100% | ∨ | ✓对齐 □印象派效果 |

图 5-9　图案图章工具的工具选项栏

◎ "图案":在其下拉列表框中列出了 Photoshop 自带的图案,选择其中任意一个图案,然后在图像中拖动鼠标即可复制图案图像,如图 5-10 所示。

图 5-10　使用 Photoshop 自带图案进行复制

◎ "印象派效果":选中此复选框,将使复制的图像效果具有类似于印象派艺术画效果。

在工具选项栏上有一个"对齐"复选框,当选中该选项时,无论在拖动过程中停顿多少次,产生的复制对象始终是对齐的;不选中该选项时,在拖动过程断后,产生的复制对象就无法按最初的顺序排列。

注意： 前面讲过，图案有 Photoshop 自带和自定义两种。下面介绍怎样自定义图案。

① 打开一图像文档，然后创建一个没有羽化效果的选择区域。

② 执行"编辑"|"定义图案"菜单命令，打开如图 5-11 所示的对话框。

③ 在"图案名称"对话框中的"名称"文本框中为可以定义的图案命名，然后单击"确定"按钮，就定义好了图案。在图案图章工具的工具选项栏下打开图案后面的列表框，可以看到自定义的图案，如图 5-12 所示。如此，就可以通过设置保存自己所需要的图案，在实际操作中方便绘图者的使用。图 5-13 所示是用自定义图案进行绘制的图形效果。

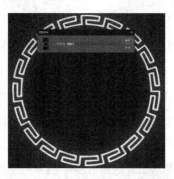

图 5-11　"图案名称"对话框

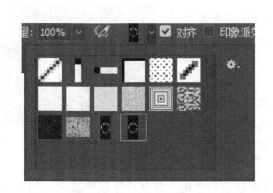

图 5-12　自定义的图案

图 5-13　使用自定义的图案

5.2　局部修复工具

当图像的局部出现一些瑕疵时，可以使用 Photoshop 中提供的局部修复工具，包括污点修复画笔工具、修复画笔工具、修补工具、红眼工具。每个工具的具体操作方法如下。

5.2.1　污点修复画笔工具

污点修复画笔工具可以快速移去照片中的污点和其他不理想部分。污点修复画笔的工作方式与修复画笔类似：它使用图像或图案中的样本像素进行绘画，并将样本像素的纹理、光照、透明度和阴影与所修复的像素相匹配。与修复画笔不同，污点修复画笔不要求指定样本点，而是自动从所修饰区域的周围取样，如图 5-14 所示。

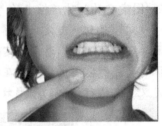

图 5-14　使用污点修复画笔移去污点

💡 **注意：** 污点修复画笔工具更加适用于小面积的污点修复，如果需要修饰大片区域或需要更大程度地控制来源取样，要使用修复画笔而不是污点修复画笔。

(1) 单击工具箱中的■(污点修复画笔工具)按钮，此时显示该工具的选项栏，如图 5-15 所示。

图 5-15　污点修复画笔工具的工具选项栏

(2) 在此选项栏中选取一种画笔大小。比要修复的区域稍大一点的画笔最为适合，这样只需单击一次即可覆盖整个区域。

(3) 在选项栏中的"模式"下拉列表框中选取混合模式，如图 5-16 所示。选择"替换"可以在使用柔边画笔时，保留画笔描边的边缘处的杂色、胶片颗粒和纹理。

(4) 在选项栏中选取一种"类型"选项。

◎ "近似匹配"：使用选区边缘周围的像素来查找要用作选定区域修补的图像区域。如果此选项的修复效果不能令人满意，可以还原修复并尝试"创建纹理"选项。

图 5-16　设置模式

◎ "创建纹理"：使用选区中的所有像素创建一个用于修复该区域的纹理。如果纹理不起作用，可以再次拖过该区域。

◎ "对所有图层取样"：可从所有可见图层中对数据进行取样。如果取消选中"对所有图层取样"复选框，则只从现用图层中取样。

(5) 单击要修复的区域，或单击并拖动以修复较大区域中的不理想部分。

5.2.2　修复画笔工具

修复画笔工具可用于校正瑕疵，使它们消失在周围的图像中。与仿制工具一样，使用修复画笔工具可以利用图像或图案中的样本像素来绘画。修复画笔工具还可将样本像素的纹理、光照、透明度和阴影与所修复的像素进行匹配，从而使修复后的像素不留痕迹地融入图像的其余部分。如图 5-17 所示，通过使用修复画笔工具，强大的修复能力使老照片上的折痕基本消失，重新成为一张完整的照片。

图 5-17 样本像素和修复后的图像

(1) 单击工具箱中的 ■(修复画笔工具)按钮，显示工具选项栏，如图 5-18 所示。

图 5-18 修复画笔工具的工具选项栏

(2) 单击选项栏中的"画笔"下拉按钮，并在下拉面板中设置画笔选项。

💡 **注意**：如果使用压敏的数字化绘图板，从"大小"菜单中选取一个选项，以便在描边的过程中改变修复画笔的大小。选取"钢笔压力"，根据钢笔压力而变化；选取"喷枪轮"，根据钢笔拇指轮的位置而变化。如果不想改变大小，选择"关"。

(3) 模式：指定混合模式。选择"替换"，可以在使用柔边画笔时，保留画笔描边的边缘处的杂色、胶片颗粒和纹理。

(4) 源：指定用于修复像素的源。"取样"可以使用当前图像的像素，而"图案"可以使用某个图案的像素。如果选择"图案"，可从"图案"面板中选择一个图案。

(5) 对齐：连续对像素进行取样，即使释放鼠标按键，也不会丢失当前取样点。如果取消选中"对齐"复选框，则会在每次停止并重新开始绘制时使用初始取样点中的样本像素。

(6) 样本：从指定的图层中进行数据取样。要从现用图层及其下方的可见图层中取样，请选择"当前和下方图层"。要仅从现用图层中取样，请选择"当前图层"。要从所有可见图层中取样，请选择"所有图层"。要从调整图层以外的所有可见图层中取样，请选择"所有图层"，然后单击"取样"弹出式菜单右侧的"忽略调整图层"图标。

可通过将指针定位在图像区域的上方，然后按住 Alt 键并单击来设置取样点。

💡 **注意**：如果要从一幅图像中取样并应用到另一幅图像，则这两幅图像的颜色模式必须相同，除非其中一幅图像处于灰度模式。如果要修复的区域边缘有强烈的对比度，则在使用修复画笔工具之前，请先建立一个选区。选区应该比要修复的区域大，但是要精确地遵从对比像素的边界。当用修复画笔工具绘画时，该选区将防止颜色从外部渗入。

5.2.3 修补工具

通过使用修补工具，可以用其他区域或图案中的像素来修复选中的区域。像修复画笔工具一样，修补工具会将样本像素的纹理、光照和阴影与源像素进行匹配，如图 5-19 所示。另外，还可以使用修补工具来仿制图像的隔离区域，苹果坏掉的部分被其他好的部位替换，由于果皮是从本体苹果上其他部位复制过来的，因此纹理与色彩与本体统一，画面效果和谐，没有突兀感。

(1) 单击工具箱中的■(修补工具)按钮，显示工具选项栏，如图 5-20 所示。

(2) 通过选项栏左侧的 4 个按钮调整创建选区，然后将选区拖放到要复制的区域上，先选择区域上的图像将替换原选区上的图像。

(3) 使用样本像素修复区域。将鼠标指针定位在选区内，并执行下列操作之一。

如果在选项栏中选择"源"，可将选区边框拖动到想要从中进行取样的区域。释放鼠标按键时，原来选中的区域被使用样本像素进行修补。

如果在选项栏中选择"目标"，可将选区边界拖动到要修补的区域。释放鼠标按键时，将使用样本像素修补新选定的区域。

(4) 从选项栏的"图案"面板中选择一个图案。

图 5-19　修补图像

图 5-20　修补工具的工具选项栏

5.2.4 红眼工具

红眼工具可移去用闪光灯拍摄的人像或动物照片中的红眼，也可以移去用闪光灯拍摄的动物照片中的白色或绿色反光。

(1) 单击工具箱中的■(红眼工具)按钮，显示红眼工具的工具选项栏，如图 5-21 所示。

(2) "瞳孔大小"选项可以增大或减小受红眼工具影响的区域，"变暗量"选项可以设置校正的暗度。

(3) 在照片中红眼的部分移动鼠标指针，消除人物的红眼，如图 5-22 所示。

图 5-21　红眼工具的工具选项栏

图 5-22 消除红眼

💡 **注意**：红眼是由于照相机闪光灯在主体视网膜上反光引起的。在光线暗淡的房间里照相时，由于主体的虹膜张开得很宽，将会更加频繁地看到红眼。为了避免红眼，请使用照相机的红眼消除功能，最好使用可安装在照相机上远离照相机镜头位置的独立闪光装置。

5.3 橡皮擦工具组

当图像中出现多余的部分时，可以直接使用橡皮擦工具组中的工具擦除图像。橡皮擦工具组包括橡皮擦工具、背景色橡皮擦工具和魔术橡皮擦工具。

5.3.1 橡皮擦工具

橡皮擦工具可将像素更改为背景色或透明。

橡皮擦工具用于擦除图像颜色。使用方法很简单，只需将鼠标指针移动到需要擦除的位置然后来回拖动就可以了。如果正在背景中或已锁定透明度的图层中工作，像素将更改为背景色，如图 5-23 所示；否则，像素将被抹成透明，如图 5-24 所示。

图 5-23 擦除背景图层中的颜色 **图 5-24 擦除普通图层中的颜色**

在橡皮擦工具的工具选项栏中，除了可以设置不透明度和流量之外，在"模式"下拉列表框中还提供了 3 种擦除方式，如图 5-25 所示，分别是"画笔""铅笔"和"块"。

图 5-25 橡皮擦工具的工具选项栏

5.3.2　背景色橡皮擦工具

背景色橡皮擦工具可用于在拖曳时将图层上的像素抹成透明，从而可以在抹除背景的同时在前景中保留对象的边缘。

💡 **注意**：使用背景色橡皮擦工具擦除背景层中的像素后，背景图层会自动变为透明的图层。

单击工具箱中的按钮，弹出背景色橡皮擦工具的工具选项栏，如图 5-26 所示。

图 5-26　背景色橡皮擦工具的工具选项栏

(1)　"画笔"：设置橡皮擦的画笔大小。

(2)　"限制"：在此下拉列表中选择一种擦除模式。

◎　"不连续"：抹除出现在画笔下任何位置的样本颜色。

◎　"连续"：抹除包含样本颜色并且相互连接的区域。

◎　"查找边缘"：抹除包含样本颜色的连接区域，同时保留形状边缘的锐化程度。

(3)　"容差"：用于控制擦除颜色的区域，可输入值或拖曳滑块进行设置。低容差仅限于抹除与样本颜色非常相似的区域，高容差可以抹除范围更广的颜色。

(4)　"保护前景色"：此复选框用于防止抹除与工具箱中的前景色匹配的区域。也就是说，如果图像中的颜色与工具箱中的前景色相同，当擦除时，这种颜色将受保护，不会被擦除。

(5)　"取样"：用于选择清除颜色的方式。

◎　"连续"：表示随着鼠标的拖曳连续采取色样。

◎　"一次"：只抹除包含第一次点按的颜色的区域。

◎　"背景色板"：只抹除包含当前背景色的区域。

5.3.3　魔术橡皮擦工具

魔术橡皮擦工具用来擦除图像中相似颜色的像素。如果是在背景中或是在锁定了透明的图层中工作，像素会被更改为背景色，否则像素会被抹为透明。在当前图层上，可以选择是只抹除邻近像素，还是要抹除所有相似的像素，如图 5-27 所示。

在魔术橡皮擦工具的工具选项栏中，选择"消除锯齿"选项，可使抹除区域的边缘平滑。选择"用于所有图层"选项，可利用所有可见图层中的组合数据采集来抹除色样。

指定不透明度以定义抹除强度。100%的不透明度将完全抹除像素，较低的不透明度将部分抹除像素。为了特殊效果，可新建图层，将图层设为其他颜色或图案，如图 5-28 所示。

换句话说，魔术橡皮擦工具的作用=魔棒工具+背景色橡皮擦工具。

图 5-27　抹除相似像素

图 5-28　新建图层

例 5.2　为照片更换背景。

下面举例来具体说明如何通过背景橡皮擦工具更改照片的背景。

具体操作步骤如下。

更换照片背景

(1) 执行"文件"|"打开"菜单命令(快捷键为 Ctrl+O)，弹出"打开"对话框，选择需要打开的素材图片，单击"打开"按钮，如图 5-29 所示。

图 5-29　打开素材文件

(2) 单击工具箱中的 按钮，单击树枝部分，作为前景色，再将照片的背景部分的颜色作为背景色。

💡 **注意**：吸管工具单击的颜色变为前景色，单击树枝部分后单击工具箱中的 按钮，此时所选的前景色设为背景色，再单击背景部分的颜色作为前景色，然后再单击 ![] 按钮对前景色和背景色进行切换。

(3) 单击工具箱中的"背景色橡皮擦工具"按钮，在选项栏中设置工具的属性，如图 5-30 所示。

图 5-30　设置工具选项

(4) 在图像的背景部分拖动鼠标指针，将背景颜色部分删除，如图 5-31 所示。

(5) 执行"选择"|"载入选区"菜单命令，弹出"载入选区"对话框，将透明区域中的通道作为源，新建选区，单击"确定"按钮，效果如图 5-32 所示。

(6) 执行"选择"|"反向"菜单命令，再单击渐变工具，对选区进行渐变填充和滤镜处理，在滤镜下选择"油画"，并对各个参数进行调整，整个图片内容变得丰富起来，效果如图 5-33 所示。使用背景色橡皮擦工具，抠取图像的边缘处理更加自然。和呆板单调的背景相比较，处理过的图片更为醒目、有趣。

图 5-31　将背景颜色删除　　　　图 5-32　载入选区　　　　图 5-33　重新填充选区

5.4　涂抹、模糊及锐化工具

本节主要讲解涂抹工具、模糊工具、锐化工具，这 3 个工具位于工具箱中的同一位置，如图 5-34 所示。

5.4.1　涂抹工具

图 5-34　三个工具

涂抹工具用于模拟手指进行涂抹绘制的效果。使用它时将会提取最先单击处的颜色，然后与鼠标指针拖动经过的颜色相融合挤压产生模糊的效果。涂抹工具不能在位图和索引颜色模式的图像上使用。其工具选项栏如图 5-35 所示。

图 5-35　涂抹工具的工具选项栏

◎ "强度"：用于设置涂抹工具涂抹的力度，其取值在 0～100%之间。设置的压力值越大，则拖出的线条越长；反之则越短。

◎ "对所有图层取样"：使涂抹工具的作用范围扩展到图像中所有的可见图层中，其效果是对所有可见图层的像素颜色都加以涂抹处理。

◎ "手指绘画"：当选中该选项时，每次拖拉鼠标绘制的时候就会使用工具箱中的前景色。如图 5-36 和图 5-37 所示为涂抹前后的图像效果。涂抹工具可以改变图形的形状，使用得当也可以做出拉伸修长的效果。

图 5-36　涂抹前　　　　　　　　　　　　图 5-37　涂抹后

5.4.2　模糊工具

使用模糊工具可使图像产生模糊的效果，降低图像相邻像素之间的对比度，使图像的边界区域变得柔和。

选择工具箱中的模糊工具，其工具选项栏如图 5-38 所示。

图 5-38　模糊工具的工具选项栏

◎　"强度"：用于设置模糊工具着色的力度，其取值在 0～100% 之间。

◎　"对所有图层取样"：使模糊工具的作用范围扩展到图像中所有的可见图层。

如图 5-39 和图 5-40 所示圆圈中的图像是使用模糊工具前后的变化效果。

图 5-39　模糊前　　　　　　　　　　　　图 5-40　模糊后

5.4.3　锐化工具

锐化工具的作用与模糊工具相反，它能使图像产生清晰的效果，其原理是通过增大图像相邻像素之间的反差，使图像看起来更清晰。避免过度锐化是必须掌握的技能之一，这个工具不适合过度使用，否则会使图像产生严重的失真。其工具选项栏如图 5-41 所示。

图 5-41　锐化工具的工具选项栏

正常处理图片应该注意锐化功能的掌握，需要做特殊效果时，则可以酌情使用。如图 5-42 和图 5-43 所示的是图像使用锐化工具前后的效果，原本柔和细腻的香蕉被锐化得棱角分明，展现出类似于彩铅的绘图效果。

图 5-42　锐化前

图 5-43　锐化后

例 5.3　粗绳的绘制。

下面举例来具体说明如何创建具有立体感的粗绳效果。

具体操作步骤如下。

绘制粗绳效果

(1) 执行"文件"|"新建"菜单命令，或使用 Ctrl+N 组合键，建立新文件，文件大小为 20 厘米，其他参数设置如图 5-44 所示。

(2) 执行"图层"|"新建"|"图层"菜单命令，或单击"图层"面板中的"新建图层"按钮，结果如图 5-45 所示。

(3) 在工具箱中选择自由钢笔工具，按下鼠标左键在图像区域中绘制曲线形状的路径，如图 5-46 所示。

(4) 在工具箱中选择画笔工具，其选项栏设置如图 5-47 所示。

(5) 在工具箱中选择直接选择工具，在当前路径的起点处单击，然后用画笔工具在路径起点处以此为中心画一圆点，如图 5-48 所示。

图 5-44　设置参数

(6) 在工具箱中选择魔棒工具，选中图像区域中绘制的圆点，然后选择渐变工具，填充效果如图 5-49 所示。

图 5-45　新建图层

图 5-46　绘制曲线路径

图 5-47　画笔工具的工具选项栏设置

图 5-48　在路径起点处绘制一个圆点　　　　　图 5-49　填充圆点

（7）取消选区，在工具箱中选择涂抹工具，其工具选项栏设置如图 5-50 所示。

图 5-50　涂抹工具的工具选项栏

（8）在控制面板中选择"路径"面板，单击 (用画笔描边路径)按钮，效果如图 5-51 所示。

图 5-51　描边路径

5.5　减淡、加深及海绵工具

本节主要讲解减淡工具、加深工具和海绵工具，这 3 个工具位于工具箱中的同一位置，如图 5-52 所示。

图 5-52　减淡、加深和海绵工具

5.5.1　减淡工具

减淡工具可以改变图像特定区域的曝光度，使图像变亮。其工具选项栏如图 5-53 所示。

图 5-53　减淡工具的工具选项栏

工具选项栏中的"范围"选项用于设置加深的作用范围，在其下拉列表中可选择暗调、中间调或高光。"曝光度"用于设置对图像加深的程度，其取值在 0～100%之间，输入的数值越大，对图像减淡的效果越明显。如图 5-54 所示为减淡前的原始图像，图 5-55 所示为减淡后的图像效果。

图 5-54　减淡前　　　　　　　　　图 5-55　减淡后

5.5.2　加深工具

加深工具可以改变图像特定区域的曝光度，使图像变暗。其工具选项栏如图 5-56 所示。

图 5-56　加深工具的工具选项栏

如图 5-57 所示为加深前的原始图像，图 5-58 所示为加深后的图像效果。

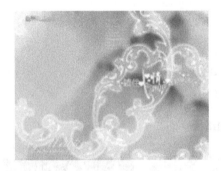

图 5-57　加深前　　　　　　　　　图 5-58　加深后

5.5.3　海绵工具

海绵工具可以增加或减少图像的饱和度。其工具选项栏如图 5-59 所示。

图 5-59　海绵工具的工具选项栏

在"模式"下拉列表中有两个选项："去色"和"加色"。选择"去色"，可降低图像颜色的饱和度；选择"加色"，则可增加图像颜色的饱和度。"流量"选项用来设置去色或加色的程度，另外也可选择喷枪效果。如图 5-60 所示为原始图像，图 5-61 所示为使用海绵工具("模式"设置为"去色")后的图像效果。

图 5-60　原始图像

图 5-61　应用海绵工具后

若将"模式"设置为"加色"时，海绵工具可作为图像的上色工具。

本 章 小 结

本章主要讲解 Photoshop 提供的修图工具的使用方法，所含知识点包括图章工具、修补工具、污点修复画笔工具、修复画笔工具、红眼工具、橡皮擦工具、背景色橡皮擦工具、魔术橡皮擦工具、涂抹工具、锐化工具、模糊工具、减淡工具、加深工具、海绵工具。

课 后 习 题

一、选择题

1. 在下面的工具中，(　　)不属于对图像编辑的工具。
　　A. 画笔工具　　　　　　　　　　B. 橡皮擦工具
　　C. 图章工具　　　　　　　　　　D. 文本工具

2. 使用背景色橡皮擦工具擦除图像后，其背景色将变为(　　)。
　　A. 透明色　　　　　　　　　　　B. 白色
　　C. 与当前所设的背景色颜色相同　　D. 以上都不对

3. 在下面的工具中，(　　)不能设置不透明度。
　　A. 铅笔工具　　　　　　　　　　B. 画笔工具
　　C. 橡皮擦工具　　　　　　　　　D. 涂抹工具

4. (　　)可用于调整图像饱和度。
　　A. 涂抹工具　　　　　　　　　　B. 加深工具
　　C. 海绵工具　　　　　　　　　　D. 减淡工具

5. (　　)是模拟用手指搅拌绘制的效果。
　　A. 模糊工具　　　　　　　　　　B. 锐化工具
　　C. 涂抹工具　　　　　　　　　　D. 橡皮擦工具

二、填空题

1. ＿＿＿＿＿＿＿工具主要用于将图像的一部分绘制到同一图像的另一部分，或绘制到具有相同颜色模式的任何打开的文档的另一部分。

2. 污点修复画笔的工作方式与_____类似: 它使用图像或图案中的样本像素进行绘画, 并将样本像素的纹理、光照、透明度和阴影与所修复的像素相匹配。

3. _____可移去用闪光灯拍摄的人像或动物照片中的红眼, 也可以移去用闪光灯拍摄的动物照片中的白色或绿色反光。

4. _____工具可将像素更改为背景色或透明。如果您正在背景中或已锁定透明度的图层中工作, 像素将更改为_____; 否则, 像素将被抹成_____。

5. 涂抹工具不能在_____和_____模式的图像上使用。

6. 锐化工具的作用与_____工具相反, 它能使图像产生清晰的效果, 其原理是通过增大图像相邻像素之间的反差, 从而使图像看起来更_____。

三、上机操作题

1. 修补去除人物的眼袋部分。

打开人物图像, 使用修补工具对人物眼部的皱纹部分进行修复, 效果如图 5-62 所示。

2. 制作火焰效果。

使用涂抹工具对图形进行涂抹, 产生火焰效果, 如图 5-63 所示。

图 5-62　去除皱纹　　　　　　　图 5-63　　制作火焰效果

3. 修改照片的局部。

使用仿制图章工具删除图像中多余的两个珍珠, 如图 5-64 所示。

图 5-64　删除多余的珍珠

第 **6** 章

图像编辑

图像的编辑是使用 Photoshop 时最基本和常用的操作之一，如调整图像的大小、分辨率和对图像的复制、剪切操作，是完成复杂图像操作的必要前提。

6.1 图像的尺寸和分辨率

扫描或导入图像以后,可能会需要调整其大小。在 Photoshop 中,可以使用"图像大小"对话框来调整图像的像素大小、打印尺寸和分辨率。

💡 **注意:** 在调整图像大小时,位图数据和矢量数据会产生不同的结果。位图数据与分辨率有关,更改位图图像的像素大小可能导致图像品质和锐化程度损失;矢量数据与分辨率无关,可以调整矢量图像的像素大小而不会降低边缘的清晰度。

6.1.1 修改图像打印尺寸和分辨率

位图图像在高度和宽度方向上的像素总量称为图像的像素大小。图像的分辨率由打印在纸上的每英寸像素(ppi)的数量决定。

更改图像打印尺寸和分辨率的具体步骤如下。

(1) 执行"图像"|"图像大小"菜单命令,打开如图 6-1 所示的"图像大小"对话框。

图 6-1 "图像大小"对话框

(2) 在"图像大小"选项组中输入新的高度值和宽度值,也可以选取一个新的度量单位。在"重新采样"下拉列表框中有以下选项。

◎ "邻近"方法速度快,但精度低。

◎ 对于"中等品质"方法,使用两次线性插值。

◎ "两次立方"方法速度慢但精度高,可得到最平滑的色调层次。

◎ 放大图像时,建议使用"两次立方(较平滑)"。

◎ 缩小图像时,建议使用"两次立方(较锐利)"。

(3) 在"分辨率"文本框中输入一个新值。如果需要,选取一个新的度量单位。

如果要恢复"图像大小"对话框中显示的原始值,按 Alt 键,然后单击"复位"按钮(原"取消"按钮所在位置)。

6.1.2 修改画布大小

画布大小命令可用于添加或移去现有图像周围的工作区,还可用于通过减小画布区域来裁切图像。具体操作步骤如下。

(1) 执行"图像"|"画布大小"菜单命令，打开如图 6-2 所示的对话框。

(2) 在"宽度"和"高度"文本框中输入想设置的画布尺寸，从"宽度"和"高度"文本框右侧的下拉列表中选择所需的度量单位。选中"相对"复选框并输入希望画布大小增加或减少的数量(输入负数将减小画布大小)。

(3) 在"定位"处，单击其中某个方块以指示现有图像在新画布上的位置，如图 6-3 所示。

(4) 从"画布扩展颜色"下拉列表框中选取一个选项。其中各选项参数的具体含义如下。

图 6-2　"画布大小"对话框

图 6-3　定位

◎　"前景"：用当前的前景颜色填充新画布。

◎　"背景"：用当前的背景颜色填充新画布。

◎　"白色""黑色"或"灰色"：用指定颜色填充新画布。

◎　"其他"：使用拾色器选择新画布颜色。

(5) 单击"确定"按钮确认修改。

6.1.3　裁剪图像

裁剪是移去部分图像以形成突出或加强构图效果的过程。合理的裁剪可以使画面的表达效果提升一个层次，相当于二次构图。通常用裁剪命令或裁剪工具来裁切图像。

1．使用"裁剪"命令

(1) 创建一个选区，选取要保留的图像部分。如果未创建选区，则无法进行下一步操作。

(2) 执行"图像"|"裁剪"菜单命令，即可对选区以外的部分进行裁切，如图 6-4 所示。

2．使用裁剪工具

(1) 选择 ▢(裁剪工具)按钮，在图像中要保留的部分上拖动，以便创建一个选框。选框不必十分精确，以后可以进一步调整，如图 6-5 所示。

(2) 可以调整裁切选框。将鼠标指针移到裁剪框上即可进行调整。

如要将选框移动到其他位置，将鼠标指针放于框内并拖曳。

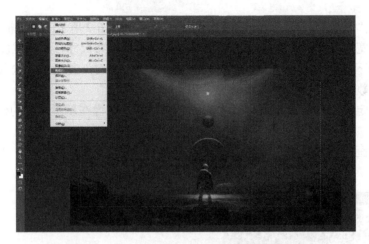

图 6-4　使用命令裁切图像

图 6-5　创建裁剪框

　　如果要改变选框大小，移动鼠标使指针指向选框边界处，指针样式改变后，拖动至合适位置。如果要在改变选框大小的同时约束比例，在拖动的同时按住 Shift 键。

　　如果要旋转选框，将指针放在选框边界外(待指针变为弯曲的箭头)并拖移。

　　(3) 按 Enter 键；或单击选项栏中的"提交"按钮；或在裁切选框内双击即可完成裁剪。若要取消裁切操作，可按 Esc 键，或单击选项栏中的"取消"按钮 ；也可在待处理图像上右击，在弹出的快捷菜单中选择"取消"命令，效果如图 6-6 所示。

图 6-6　调整并裁剪图像

6.1.4　裁切图像

Photoshop CS 还提供了一种较为特殊的裁切图像的方法，即裁切图像的空白边缘。当要切除图像四周的空白内容时，不必同使用裁剪工具那样需要经过选取裁切范围才能裁切，直接用"裁切"命令完成即可。

具体操作步骤如下。

(1) 打开要裁切的图像，执行"图像"|"裁切"菜单命令。打开"裁切"对话框，如图 6-7 所示，从中设置各选项参数。

◎　"透明像素"：修整掉图像边缘的透明区域，留下包含非透明像素的最小图像。

◎　"左上角像素颜色"：以图像左上角位置为基准进行裁切。

◎　"右下角像素颜色"：以图像右下角位置为基准进行裁切。

(2) 在"基于"选项组中选择基于某个位置进行裁切。

图 6-7　"裁切"对话框

(3) 在"裁切"选项组中选择一个或多个要修整的图像区域。若选中所有复选框，则裁切四周空白边缘。

(4) 单击"确定"按钮，完成裁切操作，效果如图 6-8 所示。

图 6-8　完成裁切操作的效果

6.2　基本编辑命令

在 Photoshop 中处理图像时，经常会遇到需要将选取的图像进行复制、剪切、粘贴、移动等基本编辑操作。因为 Photoshop 中的大部分图像编辑命令只对当前选区有效，所以在对图像使用编辑命令之前，应先确定选区。关于选区的创建在前面的章节中已经进行了详细的讲解。

6.2.1　复制、剪切和粘贴图像

在 Photoshop 中，复制、剪切和粘贴命令，与在 Windows 操作系统中的对应操作命令基本一致。当在图像中创建了一个选区时，如果执行"编辑"|"复制"菜单命令，可将选中的区域复制到剪贴板上，然后利用剪贴板进行数据交换。该操作对原始图像没有任何影响。

如果执行"编辑"|"剪切"菜单命令，则同样可以将选中的图像复制到剪贴板上，但选中的图像区域会从原图像中被切掉，并以背景色填充，如图 6-9 所示。

图 6-9　剪切图像

在执行了"复制"或"剪切"命令之后,执行"编辑"|"粘贴"菜单命令可将剪贴板中的内容粘贴到当前选中图像上,并形成一个新的图层。

注意: "复制"的快捷键是 Ctrl+C, "剪切"的快捷键是 Ctrl+X, "粘贴"的快捷键是 Ctrl+V。

6.2.2　合并拷贝和贴入图像

在 Photoshop CS 的图像中,可以拥有多个图层,但是只能有一个图层作为当前图层。在编辑命令中, "复制"和"剪切"都只能应用于当前图层,如果希望将多个可见图层中的内容一起复制到剪贴板中,可以使用"编辑"|"合并拷贝"菜单命令,如图 6-10 和图 6-11 所示。

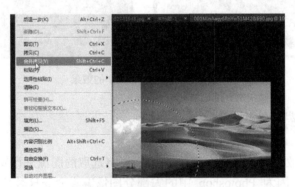

图 6-10　分层显示的图像

(a) 指定合并复制区域　　　　　　　　(b) 合并拷贝的图像

图 6-11　合并拷贝操作

注意：该命令仅对可见层有效，对于不可见层(在图层面板中，最左边方框内未显示眼睛图标的层)，该命令无效。

在进行粘贴操作时，如果希望将剪贴板中的图像复制到指定的选区中，而选区之外的图像不受影响，可以使用"贴入"命令。该命令将复制或剪切的选区粘贴到同一图像或不同图像的指定选区中。具体操作步骤如下。

(1) 选择复制或剪切的选区，如图 6-12 所示。

(2) 创建目标选区，如图 6-13 所示。

(3) 执行"编辑"|"选择性粘贴"|"贴入"菜单命令，源选区的内容会被目标选区覆盖，且只有目标选区可以显示源选区的内容，最终效果如图 6-14 所示。

图 6-12　指定复制的选区

图 6-13　创建目标选区

图 6-14　贴入效果

6.2.3　移动图像

在图像的处理过程中，图像的位置有时不一定合适，特别是由粘贴得到的图像，新粘贴的图像位置是不固定的。为了调整图像的位置，可以使用工具箱中的移动工具将图像移动到一个新位置。

(1) 在打开的图像中选择需要移动的对象。

(2) 在工具箱中选择移动工具，将光标移动到选区内，此时的光标将会呈移动形状。

(3) 此时拖动即可将选中对象移动到其他位置。

若是在两个打开的图像之间进行移动操作，在上述步骤(3)中，将移动对象拖动到目标图像位置，光标将变成如图 6-15 所示的形状。释放鼠标左键后，即完成一次两个图像之间的复制操作，如图 6-16 所示。

注意：在完成移动操作后，源图像中被移动部分仍然存在，而目标图像中多了一个被移动的部分。

图 6-15　光标形状　　　　　　　　　　　　　图 6-16　完成复制

例 6.1　合成电影院的宣传海报。

下面举例来具体说明如何在相框中添加照片效果。

具体操作步骤如下。

(1) 执行"文件"|"打开"菜单命令，弹出"打开"对话框，选择需要打开的素材文件，如图 6-17 所示。

(2) 单击工具箱中的"魔棒工具"按钮，在选项栏中设置参数，如图 6-18 所示。

(3) 使用魔棒工具，选中电影屏幕区域，并将该部分删除，如图 6-19 所示。

合成电影院
宣传海报效果

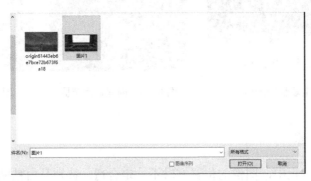

图 6-17　"打开"对话框

图 6-18　魔棒工具的工具选项栏

图 6-19　删除电影屏幕

(4) 执行"文件"|"置入嵌入的智能对象"菜单命令，选中需要填充电影屏幕空白处的素材图片，如图 6-20 所示。

(5) 对置入图片执行"编辑"|"变换"菜单命令，选择"扭曲"命令，对人物图片进行调整，上宽下窄，符合透视，如图 6-21 所示。

图 6-20　选择图片

图 6-21　调整图片

(6) 用选区将做好的图片全部框选，执行"编辑"|"选择性拷贝"|"合并拷贝"菜单命令，如图 6-22 所示。

图 6-22　复制图像

(7) 打开已经准备好的电影海报的模板，在需要插入图片的位置用选区框选，执行"编辑"|"贴入"菜单命令，将照片贴入选区中，如图 6-23 所示。

图 6-23　将照片贴入选区中

6.3　图像的旋转和变换

在前面讲解了选区的旋转与变换，图像的旋转和变换同样也可以按照选区的方法来操作。除此之外，Photoshop 还提供了专门用于旋转和变换图像的命令。

6.3.1　旋转和翻转整个图像

使用"图像旋转"命令可以旋转或翻转整个图像，这些命令不适用于单个图层或图层的一部分、路径以及选区边框。

执行"图像"|"图像旋转"菜单命令，从子菜单中选择下列命令之一，如图 6-24 所示。

◎　"180 度"：将图像旋转半圈。

◎　"90 度(顺时针)"：按顺时针方向将图像旋转 1/4 圈。

◎　"90 度(逆时针)"：按逆时针方向将图像旋转 1/4 圈。

◎　"任意角度"：按指定的角度旋转图像。如果选取该选项，在"角度"文本框中输入一个介于-360°～360°之间的角度即可(可以选择"顺时针"或"逆时针"以指定旋转方向)。然后单击"确定"按钮。

◎　"水平翻转画布"：将图像沿垂直轴水平翻转。

◎　"垂直翻转画布"：将图像沿水平轴垂直翻转。

如图 6-25 所示，这是对图像旋转 90 度的效果。

图 6-24 "图像旋转"子菜单　　　　　图 6-25 旋转 90 度

6.3.2 自由变换

在对图像进行变换之前，需要使用工具在图像中选取变换的部分，然后执行"编辑"|"变换"或"自由变换"菜单命令，即可对图像进行变换，如图 6-26 所示。具体操作可参见前面选区变换章节的内容。

图 6-26 变换图像

例 6.2 修改窗户外景图片效果。

下面举例来具体说明如何用变换工具给三维空间的图片增加窗户外景。具体操作步骤如下。

设置空间图片中
窗户外景效果

(1) 执行"文件"|"打开"菜单命令，弹出"打开"对话框，选择需要修改的图片。素材图片中，窗户部分没有任何外景，如图 6-27 所示。

(2) 将窗户的玻璃部分用魔棒工具选中，并用 Delete 键删除，如图 6-28 所示。

图 6-27 素材图像　　　　　图 6-28 删除窗户玻璃

(3) 新建窗户外景图层，执行"文件"|"置入"菜单命令，将适合的室外图片置入该图层中。

(4) 将外景图片置入后，对该图片执行"编辑"|"变换"|"透视"菜单命令，如图 6-29所示。

(5) 将外景图片置入后，对其进行透视调整，让远处的图片稍窄，近处的图片稍宽(假设图片即为实际景象)，整体呈现向远处消失的趋势，如图 6-30 所示。

图 6-29　选择"透视"命令

图 6-30　使用"透视"命令调整

(6) 执行"编辑"|"自由变换"菜单命令，对图片进行微调，使整体空间看起来更真实。

(7) 外景图片与内景图片相互协调。执行"图像"|"调整"菜单命令，对外景图片的亮度与对比度进行调整，数值如图 6-31 所示。

(8) 执行"滤镜"|"模糊"|"镜头模糊"菜单命令，数值如图 6-32 所示，将窗户外景修改成具有进深视觉效果的图片，与内部空间融为一体，最终效果如图 6-33 所示。

图 6-31　调整亮度、对比度

图 6-32　镜头模糊

图 6-33　最终效果

6.4　还原和重做图像

Photoshop 设计图像有时需要反复设置才能达到最佳效果，因此取消上一步操作或重复某一步操作是经常要用到的操作步骤。

6.4.1　"还原"命令和"重做"命令

图像处理是一项带有很强的试验性的工作，在处理图像的过程中经常需要撤销或重复所做的操作。与其他大多数应用软件一样，Photoshop CS 提供了"还原"与"重做"命令。

大多数误操作是可以还原的，也就是说，可将图像的全部或部分内容恢复到上次存储的版本。但是，可用内存可能会限制使用这些选项的能力。

执行"编辑"|"还原"（"重做"）菜单命令的操作如下(这里以"仿制图章"为例)。

(1)　执行该命令将使当前所操作图像恢复到最后一次操作之前的状态。

(2)　成功执行该命令后，若再次打开"编辑"菜单，"还原"命令变为"重做"命令，如图 6-34 所示。

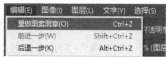

图 6-34　"还原"与"重做"命令

(3)　此命令只能恢复最近一次的操作。若要还原(重做)多步操作，可执行"编辑"|"向前"（"返回"）菜单命令。

6.4.2　"历史记录"面板

"历史记录"面板可以恢复到图像前面的某个更改、删除图像的状态，还可以根据一个状态或快照创建文档。

1．显示"历史记录"面板

执行"窗口"|"历史记录"菜单命令，在界面中显示"历史记录"面板，如图 6-35 所示。

2．恢复到图像的某一个更改状态

可执行下列任一操作。

◎ 直接单击列于"历史记录"面板中的状态名称。

◎ 拖曳"历史记录"面板中状态名之前的滑块至指定状态名之前。

◎ 重复执行"编辑"|"前进"("后退")菜单命令，以恢复到指定状态。

3．删除图像的一个或多个更改状态

(1) 选中指定状态并右击，在弹出的快捷菜单中选择"删除"命令，如图 6-36 所示，可删除当前选中的更改状态及其后所有的状态。

图 6-35 "历史记录"面板

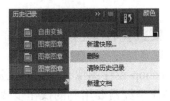

图 6-36 删除历史记录

(2) 将指定状态拖曳到 (删除)按钮，以删除此状态及随后的状态。

(3) 从"历史记录"面板菜单(单击"历史记录"面板右侧的 按钮将出现此菜单)中选取"清除历史记录"命令，如图 6-37 所示，将从"历史记录"面板中删除状态列表，但不更改图像。

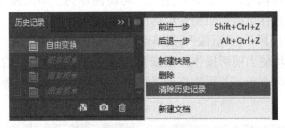

图 6-37 清除历史记录

(4) 执行"编辑"|"清理"|"历史记录"菜单命令，将所有打开文档的状态列表从"历史记录"面板中清除。该操作无法还原。

4．设置历史记录选项

(1) 从"历史记录"面板菜单中选择"历史记录选项"命令，出现如图 6-38 所示的对话框。

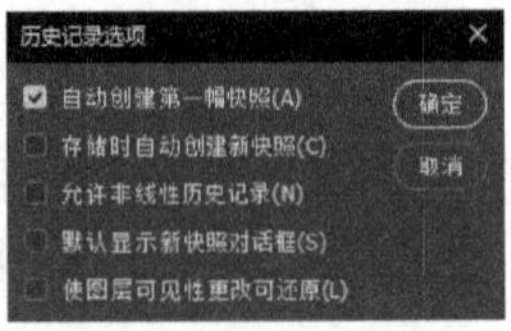

(2) 各选项含义如下。

图 6-38 历史记录选项

◎ "自动创建第一幅快照"：选中此复选框可以在文档打开时自动创建图像初始状态的快照(该选项默认为选中状态)。

◎ "存储时自动创建新快照"：选中此复选框可在每次存储时生成一个快照。

◎ "允许非线性历史记录"：选中此复选框可更改所选状态但不删除其后的状态。通常情况下，选择一个状态并更改图像时，所选状态后的所有状态都将被删除。

这使"历史记录"面板能够按照操作者的操作顺序显示编辑步骤列表。通过以非线性方式记录状态，可以选择某个状态、更改图像并且只删除该状态，更改将附加到列表的最后。

◎　"默认显示新快照对话框"：选中此复选框可强制 Photoshop 提示操作者提供快照名称，即使是使用面板上的按钮也会如此。

◎　"使图层可见性更改可还原"：选中此复选框可以将图层的可见性更改并还原。

6.4.3　历史记录画笔工具

历史记录画笔工具可以将图像的一个状态或快照的拷贝绘制到当前的图像窗口中。该工具创建图像的拷贝或样本，然后用它来绘画。

💡　注意：该工具会从一个状态或快照复制到另一个状态或快照，但只是在相同的位置。

具体操作步骤如下。

(1)　选择历史记录画笔工具，如图 6-39 所示，弹出其工具选项栏。

(2)　在选项栏中进行如图 6-40 所示的设置。

图 6-39　历史记录画笔工具　　　　　图 6-40　历史记录画笔工具的工具选项栏

各选项含义如下。

◎　"画笔"：可以用于选择画笔形状及大小。

◎　"模式"：用于选择混合模式。

◎　"不透明度"：用于设定不透明度。

◎　"流量"：用于产生水彩画的效果。

◎　"喷枪"：单击"喷枪"按钮，即可设置喷枪效果。

(3)　在"历史记录"面板内，单击快照左边的列以将其用作历史记录画笔工具的源，如图 6-41 所示。

图 6-41　指定历史记录画笔源

(4)　在欲更改的图像区域拖动，以使用历史记录画笔绘画。

6.4.4　历史记录艺术画笔工具

历史记录艺术画笔工具使用户可以使用指定历史记录状态或快照中的源数据，以风格化描边进行绘画。通过尝试使用不同的绘画样式、大小和容差选项，可以用不同的色彩和艺术风格模拟绘画的纹理。

像历史记录画笔工具一样，历史记录艺术画笔工具也将指定的历史记录状态或快照用作源数据。但是，历史记录画笔工具通过重新创建指定的源数据来绘画，而历史记录艺术画笔工具在使用这些数据的同时，还使用用户为创建不同的颜色和艺术风格设置的选项。

使用历史记录艺术画笔工具的操作步骤如下。

(1)　在"历史记录"面板中，单击状态或快照的左列，将该列用作历史记录艺术画笔工具的源。源历史记录状态旁出现画笔图标。

(2) 选择历史记录艺术画笔工具,如图 6-42 所示。

图 6-42　选择历史记录艺术画笔工具

(3) 在历史记录艺术画笔工具的工具选项栏中可进行如图 6-43 所示的设置。

图 6-43　历史记录艺术画笔工具的工具选项栏

其中各项参数的含义如下。

◎　"画笔":选择画笔形状和大小。

◎　"模式":设定混合模式。

◎　"不透明度":设定不透明度。

◎　"样式":在该下拉列表中为用户准备了 10 种不同风格的画笔样式。

◎　"区域":用于设置历史记录艺术画笔工具笔触的感应范围。该数值越大,影响的范围越大。

◎　"容差":用于设置画笔的容差。容差可以限制画笔绘制的区域;低容差可用于在图像中的任何地方绘制无数条描边,高容差将绘画描边限定在与源状态或快照中的颜色明显不同的区域。

(4) 在待操作图像上指定区域中拖动进行绘画。

6.4.5　图像的快照

执行"快照"命令,可以创建图像的任何状态的临时复件(或快照)。新快照添加到"历史记录"面板顶部的快照列表中,选择一个快照使操作者可以从图像的那个版本开始工作。

"快照"与"历史记录"面板中列出的状态有相似之处,但同时还具有一些其他优点。

◎　快照可以进行更名,使其更易于识别。

◎　在整个工作会话过程中,可以随时存储快照。

◎　利用快照,可以很容易恢复先前的工作,比如可以尝试使用较复杂的技术。

◎　应用一个动作时,先创建一个快照。如果对结果不满意,可以选择该快照来还原所有步骤。

💡 注意:快照不随图像存储,关闭图像时就会删除其快照。另外,除非在历史记录选项中选择了"允许非线性历史记录"选项;否则,选择一个快照然后更改图像,将会删除"历史记录"面板中当前列出的所有状态。

1. 创建快照

(1) 直接创建快照。

在"历史记录"面板中,选择一个状态。单击"历史记录"面板下方的"创建新快照"按钮。

(2) 在创建的同时设置选项。

单击"历史记录"按钮,弹出"历史记录"面板菜单,单击"创建快照"按钮,如

图 6-44 所示。

在"名称"文本框中输入快照名称。在"自"下拉列表框中，选择快照内容。

◎ 全文档：可创建图像在该状态时的所有图层的快照。

◎ 合并的图层：可创建图像在该状态时的合并了所有图层的快照。

◎ 当前图层：只创建当前所选图层的快照。

创建快照完成后，在"历史记录"面板上部显示所创建的快照，如图 6-45 所示。

图 6-44　创建新快照

图 6-45　显示快照

2．选择快照

通常有两种方式选择已创建快照。

◎ 直接单击快照名称。

◎ 拖曳快照左侧滑块至指定快照。

3．重命名快照

双击欲重命名的快照名称，然后输入新的快照名称。

4．删除快照

下列任一方式均可完成对快照的删除操作。

◎ 右击指定快照，在弹出的快捷菜单中选择"删除"命令。

◎ 选择快照，单击"历史记录"面板右下角的"删除"按钮 🗑。

◎ 将快照拖动至"历史记录"面板右下角的"删除"按钮 🗑。

本 章 小 结

本章主要介绍了改变图像尺寸和分辨率、裁切图像以及图像编辑的基本操作。通过本章的学习，了解图像尺寸和分辨率之间的关系，熟练掌握图像编辑的基本操作。本章内容是学习 Photoshop CS 的基础，也是要反复练习的内容，只有熟练掌握了如剪切、复制、粘贴、旋转和变换、还原和重做等图像编辑命令的操作和技巧，才能制作出具有特殊效果的作品。

课 后 习 题

一、选择题

1. (　　)是裁剪工具的作用。

A. 裁剪是移去部分图像以形成突出或加强构图效果的过程

  B. 删除图像

  C. 裁切图像的空白边缘

  D. 复制图像

2. 如果一个 100 像素×100 像素的图像被放大到 200 像素×200 像素,文件大小的变化是
( )

  A. 大约是原来文件大小的 2 倍   B. 大约是原来文件大小的 3 倍

  C. 大约是原来文件大小的 4 倍   D. 无变化

3. 删除所有打开的图像文件的历史记录,应执行( )指令。

  A. 选择"历史记录"面板上的清除历史记录

  B. "编辑" | "清除" | "历史记录"

  C. 按住 Ctrl 键的同时选择清除历史记录

  D. 按住 Alt 键的同时选择清除历史记录

4. 打印分辨率和图像分辨率的关系是( )。

  A. 打印分辨率一定大于图像分辨率

  B. 打印分辨率一定小于图像分辨率

  C. 打印分辨率一定等于图像分辨率

  D. 打印分辨率的单位是 dpi,图像分辨率的单位是 ppi

5. 图像中最小可被选择的单位是( )像素。

  A. 1/2   B. 1/4   C. 1   D. 1/8

6. 像素图的图像分辨率是指( )。

  A. 单位长度上的锚点数量   B. 单位长度上的像素数量

  C. 单位长度上的网点数量   D. 单位长度上的路径数量

7. 当需要确认裁切范围时,可以双击或按键盘上的( )键。

  A. Enter   B. Esc   C. Shift   D. Ctrl

8. 关于"动作"面板和"历史记录"面板,下列说法正确的是( )。

  A. 在关闭图像后所有记录仍然会保留下来

  B. 都可以对文件夹中的所有图像进行批处理

  C. "历史记录"面板记录的信息要比"动作"面板广

  D. 虽然记录的方式不同,但都可以记录对图像所做的操作

9. 在有透明区域的图层上选中"保留透明区域"选项,然后进行填充的结果是( )。

  A. 图层全部被填充   B. 图层没有任何变化

  C. 图层变成完全透明   D. 只有有像素的部分被填充

10. 如果使用矩形选框工具画出一个正方形选区应按住( )键(Windows 操作系
统下)。

  A. Alt   B. Ctrl   C. Shift   D. Tab

11. 以下对裁切工具的描述正确的有( )。

  A. 裁切将所选区域裁掉,而保留裁切框之外的区域

  B. 裁切后图像大小改变了,图像分辨率也随之改变

  C. 裁切时可随意旋转裁切框

  D. 要取消裁切操作可按 Esc 键

12. 以下对图像尺寸命令的描述正确的是( )。

  A. 图像尺寸命令用来改变图像的尺寸

  B. 图像尺寸命令可以改变图像的分辨率

  C. 图像尺寸命令不可以改变图像的分辨率

  D. 图像尺寸命令可以将图像放大，而图像的清晰程度不受影响

13. 在 Photoshop CS 中修改图像文件画布尺寸的方法可以是( )。

  A. 给定选择区域，然后执行"图像"|"裁切"命令

  B. 使用 Photoshop CS 工具面板中的裁切工具

  C. 执行 Photoshop CS 中的"图像"|"图像大小"命令

  D. 执行 Photoshop CS 中的"图像"|"画布大小"命令

二、填空题

  1. 位图图像在_____和_____方向上的像素总量称为图像的_____。图像的分辨率由打印在纸上的每英寸_____的数量决定。

  2. "复制"的快捷键是_____，"剪切"的快捷键是_____，"粘贴"的快捷键是_____。

  3. 执行_____|_____|_____命令，可将所有打开文档的状态列表从"历史记录"面板中清除。该操作无法还原。

第 **7** 章

色彩及色彩调整

图像色彩调整包括颜色模式及其转换,以及颜色选取的各种方法。颜色模式是指同一属性下的不同颜色的集合,明确图像的使用目的是选择颜色模式的关键。各种颜色模式之间可以进行转换,但是每次转换都会导致对图像进行重新处理。选取绘图颜色是绘制处理图像的重要步骤,可以运用多种方法来进行颜色选取。

7.1　色彩的基本概念

从人的视觉系统来看，色彩可用色相、明度、纯度来描述。人眼看到的任何色彩都是这三个特性的综合效果。这 3 个特性被称为色彩的三要素，也称色彩三属性。

7.1.1　色相

色相即色彩的本来面貌特征，如大红、橘红、草绿、湖蓝、群青等。色相是区别色彩的主要依据，是色彩的最大特征。

色相的称谓，命名方法比较多。有以自然界的植物、矿物质命名的，如玫瑰红、紫罗兰、土红、赭石等；有以地名命名的，如印度红、普鲁士蓝等；有以化工原料命名的，如钛青蓝、铬绿等。

7.1.2　明度

明度即色彩的明暗差别程度。色彩的明度差别主要包括两个方面：一是指某一色相的深浅变化，如粉红、大红、深红，都是红，但前面的颜色比后面的淡；二是指不同色相间存在的明度差别，如 6 种标准色中最浅的是黄色，最深的是紫色，橙色和绿色、红色和蓝色处于相近的明度之间。

7.1.3　纯度

纯度即各色彩中包含的单种标准色的成分的多少，也被称为颜色的饱和度。纯的色感比较强，不纯的色感比较弱。纯度与明度有着不可分割的制约关系。概括起来有 3 种：一是加白色能增强明度，纯度降低；二是加黑色使色彩的明度和纯度全降低；三是加灰色(即同时加白色和黑色)或其他中性颜色能使色彩产生丰富的变化。我们在运用色彩三要素时一定要多实践，将理论和实践结合起来才能取得很好的效果。

7.1.4　裁切图像

造成色彩冷暖感觉的原因，既有生理因素，也有心理因素。色彩本身并不具有独立存在的价值，它主要是依附于色相、明度、纯度三种属性而产生的综合反映。

色彩的冷暖感的相对性，主要体现在两个方面：一是冷暖色本身具有相对性。如红、黄、橙三色在感觉和心理上被定为暖色，而蓝为冷色，绿和紫为中性色，其他如红、橙两色在特定的环境下也具有冷暖变化。二是黑、白、灰三色本身是无彩的，一旦和其他色彩相混也会产生冷暖上的变化，同时也要注意黑、白、灰成分的多少会起一定的调和作用。

灰色的冷暖变化则更加丰富，通常在直接用黑、白色调成灰色外，其他的灰色都具有冷暖性。色彩的冷暖具有非常丰富的内容，它为实践提供了广阔的天地。

7.2　颜色模式与转换

颜色模式是指同一属性下的不同颜色的集合。它的功能在于方便了用户使用各种颜色，而不必每次使用颜色时都进行颜色的重新调配。常用的有 RGB 模式、CMYK 模式、Lab 模式、灰度模式、位图模式、多通道模式、双色调模式、索引颜色模式等。

7.2.1　彩色图像模式

常用的彩色图像模式包括 RGB、CMYK、Lab 三种模式。

1．RGB 模式

RGB 模式是我们用得最多的色彩模式，专用于屏幕显示。RGB 模式产生颜色的方法为加色法，它是以红、绿、蓝 3 种色光作为基本原色，每种单一色光由 256 色等级值的色光组成。当色光重叠时出现不同的中间色，色值越高，叠加越多，颜色就越鲜亮；3 个色光完全重合时将显示白色。

RGB 图像使用 3 个通道描述颜色信息。在 Photoshop 中新建一个文件时，默认为 RGB 模式。

2．CMYK 模式

CMYK 是针对印刷而设计的一种色彩模式。一般彩色印刷以四色为主，即 CMYK(青、洋红、黄、黑)，其中 K(黑)是平衡 CMY(青、洋红、黄)三色的。与 RGB 模式相反，CMYK 模式产生颜色的方法为减色法，当颜色完全重叠后产生黑色，反之为白色。由于 CMYK 模式中以黑色代替了其他的色彩，因此 CMYK 模式不可能像 RGB 模式那样产生高亮的颜色，所以不论是 RGB 转换为 CMYK，还是 CMYK 转换为 RGB，其中的部分颜色都会产生"损耗"而发生偏色现象。如果制作的图像要用于印刷，最后必须转换为 CMYK 模式。

3．Lab 模式

Lab 模式是通过两个色调参数 A、B 和一个光强度 L 来控制色彩，A、B 两个色调可以通过-128～+128 之间的数值变化来调整色相，其中 A 色调为由绿到红的光谱变化，B 色调为由蓝到黄的光谱变化，光强度可以在 0～100 内调节。Lab 模式不管是用于显示还是印刷，均记录相同的信息来描述颜色。正是其本身的特点，它是 Photoshop 在不同颜色模式之间转换时使用的内部颜色模式。如当 RGB 和 CMYK 两种模式互换时，都需要先转换为 Lab 模式，这样可减少转换过程中的颜色损耗。

7.2.2　灰度图像模式

与前面的彩色图像模式不同，下面要讲解的是灰度图像模式。

1．位图(Bitmap)模式

位图模式即黑白模式，只使用黑白两色表示像素，图像文件量较小。如果从彩色图像转换到位图模式，一般需先将彩色图像转换为灰度(Grayscale)模式去掉颜色信息后再接着转换为位图模式，因为只有灰度模式可以转换为位图模式。

2. 灰度(Grayscale)模式

灰度(Grayscale)模式不包含颜色信息，使用 256 级灰度值表示图像，0 表示黑色，255 表示白色。灰度模式可以和彩色模式直接转换，经常被应用于在基础阶段制作的图像，在图像模式中被应用得最广泛。

3. 双色调模式

与 CMYK 模式相似，双色调模式也是一种为打印而制定的颜色模式，它包括单色调、双色调、三色调和四色调。单色调是一种单一的、非黑色油墨打印的灰度图像，双色调、三色调和四色调是用两种、三种和四种油墨打印的灰度图像。在这些类型的图像中，彩色油墨用于重现单色的灰度而不是重现不同的颜色。双色调模式主要为了输出适合专业印刷的图像。在实际印刷过程中，往往只用到几种油墨，通过使用双色调模式对图像进行分色，可将图像分解成几个部分，每一部分由单一的油墨颜色构成，这极大地方便了制版。另外，当需要印出色阶较密的图像时，可以使用双色调模式，指定一种油墨为深色，另一种为浅色，从而制作出色阶较密的印刷品。

7.2.3 HSB 模式

HSB 模式将色彩分解为色相(Hue)、饱和度(Saturation)、明度(Brightness)。色相指色彩颜色，即我们常说的红色还是黄色等，在色环中用 0°～360°表示；饱和度也称为色彩纯度或彩度，是指颜色的纯度，即俗称的颜色鲜艳程度，可以用 0～100%表示，当饱和度为 0时，即看不出颜色，只可能是黑色、白色或灰色，此时起决定作用的只有明度；明度使用黑白的百分比来度量，0 为黑色，100%为白色。在 Photoshop 中，任何对颜色的修改在本质上都修改了颜色的 HSB 值。

7.2.4 索引模式

索引(Indexed)模式使用 256 种颜色表示图像，当一幅 RGB 或 CMYK 的图像转化为索引颜色时，Photoshop 将建立一个 256 色的色表来存储此图像所用到的颜色，因此索引色的图像占硬盘空间较小，但是图像质量也不高，适用于多媒体动画和网页图像制作。

7.2.5 多通道模式

每个通道具有 256 种灰度级别，可将一个以上通道合成的任何图像转换为多通道模式。原来的通道被转换为专色通道，在将彩色图像转换为多通道模式时，新的灰度信息将根据每个通道总像素的颜色值而定。例如，将 CMYK 模式转换为多通道模式，可创建为青色、洋红色、黄色、黑色 4 个专色通道。

注意：不能打印多通道模式中的彩色复合图像，而且大多数输出格式不支持多通道模式，但能以 Photoshop DCS 2.0 输出这种格式。

7.2.6 颜色模式的转换

在 Photoshop 中定义模式的方法有两种。

第一种如图 7-1 所示,在新建文件夹时定义。执行"文件"|"新建"菜单命令,弹出"新建"对话框。在对话框"颜色模式"下拉列表框中选择要定义的模式,单击"创建"按钮即可。

第二种如图 7-2 所示,在"模式"菜单中定义。执行"图像"|"模式"菜单命令,在"模式"子菜单中有多种模式可供选择。

图 7-1 新建的定义模式

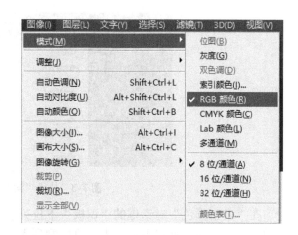

图 7-2 颜色模式更改

每一种模式都有自己的优缺点,都有自己的适用范围,并且各模式之间可以根据处理图像工作的需要进行转换。但是在 Photoshop 中,每一种颜色模式的转换都会对图像进行重新处理,在转换的时候可能会导致图像质量下降,因此最好在图像处理前先决定好色彩的模式。

1. 彩色模式之间的转换

在 RGB、CMYK 和 Lab 这 3 种颜色模式中,RGB 是计算机屏幕显示所用的色彩模式,CMYK 是彩色印刷所使用的色彩模式,而 Lab 是与设备无关的色彩模式。Lab 模式既不依赖于光线,也不依赖于油墨或颜料,可用来编辑任何图像。Photoshop 在把图像从 RGB 模式转换为 CMYK 模式时,会在内部先把 RGB 模式转换为 Lab 模式,然后再转换为 CMYK 模式。Lab 模式保证在转换成 CMYK 模式时色彩没有丢失或被替代。因此,避免色彩损失的最佳方法是:应用 Lab 模式编辑图像,再转换成 CMYK 模式打印。

另外,这 3 种颜色模式表达的颜色范围(即色域)是不同的。Lab 模式的颜色范围最广,它包括所有的 RGB 和 CMYK 颜色范围。CMYK 模式的颜色范围最窄,因为它是一种减色模式,受到了颜料质量和印刷设备及工艺的限制。所以,CMYK 模式下印刷出的颜色往往比在 RGB 模式下看到的暗淡些。

当用户在 RGB 或 Lab 模式下编辑图像时,如果选择的图像颜色超出了 CMYK 模式的范围,Photoshop 会在 Color 调板上显示色域警告符号,并提供最接近的 CMYK 等颜色。

2．彩色模式转换为索引模式

在彩色模式转换到索引模式之前，应保存原模式的文件，因为 Photoshop 在把彩色模式转换到索引模式时，会丢失颜色信息。另外，转换到索引模式后，Photoshop 的滤镜等功能将失效。下面以 RGB 模式为例，介绍如何从彩色模式转换到索引色彩模式。

首先打开一个 RGB 模式的图像文件，然后执行"图像"|"模式"|"索引颜色"菜单命令，如图 7-3 所示，弹出"索引颜色"对话框。该对话框让用户确定颜色数、颜色调板和抖动图案等属性。如果当前打开的图像文档中包含多个图层，Photoshop 会提示用户合并文档中的所有图层。

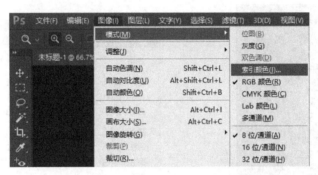

图 7-3　执行"索引颜色"命令

在"索引颜色"对话框的"调板"下拉列表框中单击下拉按钮，弹出下拉列表，可以看到索引颜色的各种组合方式列表，如图 7-4 所示，其中有 9 个较为重要的选项，它们的含义如下。

◎　"实际"：是一种颜色匹配方式，仅适用于文档中的颜色数不超过 256 种的情况。Photoshop 在颜色表中使用与组成图像的颜色完全相同的颜色。

◎　"系统(Mac OS)"：选择该选项后将使用 Mac OS 的默认系统调色板。

◎　"系统(Windows)"：选择该选项后将使用 Windows 的默认系统调色板。

图 7-4　"调板"下拉列表

◎　Web：通过此选项，可以确保任何图像在 Mac OS 和 Windows 中显示都有几乎相同的效果。

◎　"平均"：Photoshop 查看颜色深度设置后，从 5 个可能的平均项目中选出一个，然后根据相应的数字从整个色谱中选出同样数目，均匀间隔的红、绿和蓝色系的颜色，再对颜色板进行规划。选中的平均颜色的数目将是原有颜色深度的最佳近似值。

◎　"局部(可感知)"：该选项允许用户建立一个自定义的调板，从而为用户提供一些超出视觉能力范围的颜色。

◎　"局部(可选择)"：用户可以使用该选项建立一个颜色表，该颜色表类似于"局部(可感知)"颜色表。

◎ "局部(随样性)"：此选项允许 Photoshop 从 1677 万种不同颜色中产生一系列与原有图像 RGB 值最为接近的 256 种颜色，确保转换产生与原有图像 RGB 值最为接近的颜色。自适应选项可根据图像中的一定颜色来进行操作，如果将文件转换为索引色彩模式时先进行了一定的颜色选择，选中的颜色将在转换中优先使用。如果对保持原有图像颜色的要求比较高，那么在此选项中可以找到最佳选择。

◎ "自定…"：通过此选项，用户可以在预先定义的颜色表中进行编辑，也可创建自定义的颜色表，并对编辑好的颜色表进行命名和保存。

在"索引颜色"对话框的"颜色"文本框中可以指定颜色列表中颜色的数目，默认为 256 种。"强制"下拉列表框的作用是在颜色表中强迫加入选项中包含的颜色。例如，选择"黑白"选项，将在颜色表中加入黑色与白色。"透明度"复选框用来设置图像的透明度，它可以与"调板"下拉列表框配合使用。选取"调板"下拉列表框中的某一项，将用选项中的颜色填充透明区域。

"索引颜色"对话框中的"仿色"下拉列表框主要用来指定颜色抖动方式，共有 4 种选项，具体含义如下。

◎ "无"：选择该选项时不使用颜色抖动，这时 Photoshop 会使用默认的颜色表中最接近的颜色取代图像中没有的颜色。

◎ "扩散"：选择该选项时，将把图像中的颜色偏差扩散到周围的像素中。

◎ "图案"：该选项用一种随机点图案来模拟系统中没有的颜色，只有在系统调板选项打开时才可用。

◎ "杂色"：如果打算切除图像的一部分，且把这部分图像用在 HTML 表中，那么"杂色"选项可以帮助用户减少切缝边缘处不自然的切除痕迹，使图像效果更协调、更自然。

3．灰度模式转换为位图模式

灰度模式在色彩模式间的转换过程中可以起到中介的作用。彩色图像模式在转换为位图模式之前，需要先转换为灰度模式，再由灰度模式转换为位图模式。

在将灰度模式转换为位图模式时，首先要选择好转换的灰度图像，然后执行"图像"|"模式"|"位图"菜单命令，弹出用于设置文件的输出分辨率和转换方式的"位图"对话框，如图 7-5 所示。

"分辨率"选项组中的"输出"参数用于指定黑白图像的分辨率，其后的下拉列表框用于指定分辨率的单位。在"方法"选项组中的"使用"下拉列表框中指定转换的方式。以原始灰度图像为例，如图 7-6 所示，简要介绍该下拉列表中各选项的作用。

图 7-5 "位图"对话框

图 7-6 原始灰度图像

◎ "50%阈值"：在图像转换过程中，大于 50%灰度的像素将变为黑色，小于等于50%灰度的像素将变为白色，会产生强烈的黑白对比效果。

◎ "图案仿色"：使用一些随机的黑、白像素来抖动图像，达到模拟灰度图像的目的，像素之间几乎没有空隙。

◎ "扩散仿色"：利用一种发散过程把一个像素改变成单色，产生一种粒状的类似于版画的效果，当使用低分辨率的激光打印机输出时图像会变暗。

◎ "半调网屏"：可使图像产生一种半色调网屏印刷的效果。选择此选项后，将弹出"半调网屏"对话框，从中可以设置半调网屏的频率、角度、形状及保存当前的图案信息，以备日后使用，效果如图 7-7 所示。

图 7-7　"半调网屏"效果

◎ "自定图案"：可以选择一种自定义的图案样式对图像进行修正，产生更多的效果变化。选择此选项，并打开对话框最下方的"自定图案"下拉列表，弹出图案选择列表，通过选择可以设置不同的图案模式。

7.3　色彩的调整

色彩是 Photoshop 平面设计中非常重要的一个方面，一幅好的图像离不开好的色彩。对图像色彩的细微调整，都将影响最终的视觉效果。Photoshop 提供丰富的色彩校正工具，充分利用这些工具可实现对图像的各种色彩校正及色彩改变。

Photoshop 提供了色彩模式的转换功能，而如图 7-8 所示的"图像"|"调整"子菜单中则提供了对图像色彩进行各种调整的命令。

图 7-8　"图像"|"调整"子菜单

7.3.1 色彩平衡

"色彩平衡"命令用于改变各色彩在图像中的混合效果，即改变彩色图像中颜色的组成。打开一幅图像后，执行"图像"|"调整"|"色彩平衡"菜单命令，打开如图 7-9 所示的"色彩平衡"对话框。

其中各项参数的含义如下。

◎ "色阶"：3 个文本框对应下面的 3 个滑杆，可通过输入数值或移动滑杆上的滑块来调整色彩平衡，输入的数值为-100～100，表示颜色减少或增加数。

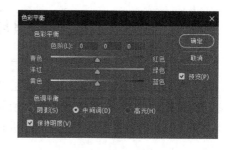

图 7-9 "色彩平衡"对话框

◎ "色调平衡"：可选择"阴影""中间调"或"高光"，分别调整其相应的色阶值；选中"保持明度"复选框，可在 RGB 模式图像颜色更改时保持色调平衡。

在图 7-8 所示的"图像"菜单中有一项"自动颜色"命令，用于自动调整图像的色彩平衡。

7.3.2 亮度/对比度

"亮度/对比度"命令用于调整图像的亮度和对比度(不同颜色间的差异)，将一次调整图像中所有像素(包括高光、中间调和阴影)，执行"图像"|"调整"|"亮度/对比度"菜单命令，打开如图 7-10 所示的对话框。

文本框中可输入的数值为-100～100，可直接输入或移动下面的滑块来进行调整。

7.3.3 色相/饱和度

"色相/饱和度"命令用于调整图像的色相、饱和度和明度。在前面已介绍过色相即色彩颜色，饱和度即色彩纯度，明度即黑白颜色的百分量。注意，此处的明度不同于"亮度/对比度"中的亮度，改变明度的同时，色彩纯度和对比度保持不变,而改变亮度会同时影响色彩纯度和对比度。

执行"图像"|"调整"|"色相/饱和度"菜单命令，打开如图 7-11 所示的对话框。

图 7-10 "亮度/对比度"对话框

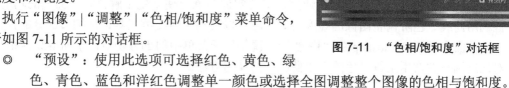

图 7-11 "色相/饱和度"对话框

◎ "预设"：使用此选项可选择红色、黄色、绿色、青色、蓝色和洋红色调整单一颜色或选择全图调整整个图像的色相与饱和度。

◎ "色相""饱和度""明度"：可直接输入数值或拖动滑块调整。

◎ 颜色条：底部的两个颜色条，上面的表示调整前的状态，下面的表示调整后的状态。

◎ "着色"：选中此复选框时，可将灰色或黑白图像染上单一颜色，或将彩色图像转变为单色。

7.3.4 使用调整图层给照片上色

在前面我们已使用过调整图层，可以对图像试用颜色和进行色彩调整，而不会永久地修改图像中的像素。每个调整图层都带有一个图层蒙版，可对图层蒙版进行编辑或修改以符合我们的要求。单击如图 7-12 所示的"图层"面板中的相应按钮，弹出如图 7-13 所示的菜单，选择"色相/饱和度"命令进行创建。

图 7-12 "图层"面板　　　　　　　　　　图 7-13 调整图层类型菜单

使用调整图层给照片上色的最大好处就是不对原图做任何改动。当我们需要对其中的某一部分进行调整时会很方便，可以通过改变笔刷的大小和压力对图像做精细的调整，还可随心所欲地添加效果。

7.4 图像的亮度与对比度调整

在图像中，亮度和对比度的调整是非常重要的，特别是对一些比较灰暗的图像而言，我们必须对它进行适当的处理。通过本节的实训与练习使学生了解色阶、曲线的功能，掌握利用曲线、色阶调整图像的亮度与对比度，以及利用橡皮擦工具恢复细节部分的操作。

前面介绍了 Photoshop 中"图像"|"调整"子菜单中的部分功能，下面继续介绍亮度、对比度调整的常用工具"色阶""曲线"的使用方法。

7.4.1 色阶

色阶主要用于调整图像的色调，即明暗度。打开一幅图像，再执行"图像"|"调整"|

"色阶"菜单命令，打开如图 7-14 所示的对话框。下面对其中的几个选项进行介绍。

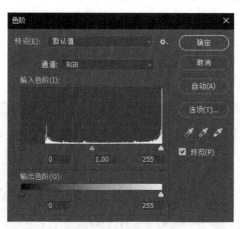

图 7-14　"色阶"对话框

其中各项参数的含义如下。

◎ "通道"：在此下拉列表框中选择 RGB 则调整对所有通道起作用，选择红、绿、蓝则对单一通道起作用。

◎ "输入色阶"：既可在下面的几个文本框中直接输入数值，也可利用滑块调整图像的阴影、中间调和高光。左侧文本框中的数值可增加图像暗部的色调，原理是将图像中亮度值小于该数值的所有像素都变成黑色；中间文本框中的数值可调整图像的中间色调，数值小于 1 时中间色调变暗，大于 1 时中间色调变亮；右侧文本框中的数值可增加图像亮部的色调，它会将所有亮度值大于该数值的像素都变成白色。一幅色调好的图像，"输入色阶"的上述 3 个滑块对应处都应有较均匀的像素分布。

◎ "输出色阶"：主要是限定图像输出的亮度范围，它会降低图像的对比度。左侧文本框中的数值可调整亮部色调；右侧文本框中的数值可调整暗部色调。

◎ 吸管工具：从左至右依次为黑色、灰色和白色吸管，单击其中一个吸管后，将鼠标指针移至图像区域，会变成相应的吸管形状。黑色吸管使图像变暗；白色吸管使图像变亮；灰色吸管使图像的色调重新调整分布。

图 7-15 所示为原图片及调整色阶后的对照图。

图 7-15　原图与色阶调整后的效果图

7.4.2　曲线

"曲线"命令与"色阶"命令的作用相似,但功能更强大,它不但可以调整图像的亮度,还能调整图像的对比度和色彩。打开一幅图像,执行"图像"|"调整"|"曲线"菜单命令,打开如图 7-16 所示的对话框。

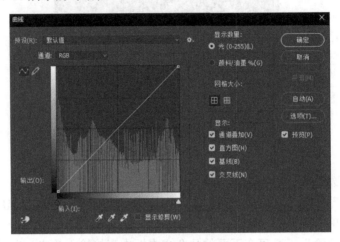

图 7-16　"曲线"对话框

图 7-16 所示对话框中的直线代表了 RGB 通道的色调值,中部的垂直虚线格代表了中间色调分区(按 Alt 键同时单击虚线区域,虚线格将实现 4 个与 10 个的切换,便于精确控制),表格横坐标代表输入色阶,纵坐标代表输出色阶,这和色阶图中的输入输出色阶相似。

改变图中的曲线形态就可改变当前图像的亮度分布。选择表格右下方的曲线工具,可拖动曲线改变形态,在曲线上单击会产生小节点,拖动这些小节点会改变曲线形态;如要删除某节点,可将节点拖动表格外。选择铅笔工具,可自由绘制曲线,此时"平滑"按钮激活。

在亮度杆的正常方向下,色阶曲线越向左上凸起,图像会越亮,反之则越暗。

在前面已介绍过"亮度/对比度",在"图像"|"调整"子菜单中还有一项"自动对比度"命令,用于自动调整图像的对比度。

7.5　图像的色相与饱和度调整

图像的色彩调整在图像的修饰中是非常重要的一项内容,改变图像的色相、饱和度可随心所欲地改变图像或部分的色彩,达到以假乱真的效果。通过本节的实训与练习使学生了解"去色""替换颜色"和"可选颜色"的功能及基本操作,掌握图像的色相与饱和度的综合调整。

7.5.1　去色

"去色"命令会将彩色图像中所有颜色的饱和度变为 0,即将彩色图像转化为黑白图

像。但该命令和将图像转换成"灰度"图不同，它不会改变图像的色彩模式。打开彩色图像后，执行"图像"|"调整"|"去色"菜单命令，即将图像转化为黑白图像。

7.5.2 替换颜色

"替换颜色"命令用于对某一特定颜色进行色彩的调整。打开一幅图像，执行"图像"|"调整"|"替换颜色"菜单命令，将弹出如图 7-17 所示的对话框，从中可进行相关操作。

7.5.3 可选颜色

"可选颜色"命令可用于对 RGB、CMYK 和灰度等色彩模式的图像进行色彩的调整，即用来校正输入和输出时的色彩含量，不是很常用。打开一幅图像，执行"图像"|"调整"|"可选颜色"菜单命令，将弹出如图 7-18 所示的对话框，在其中可进行相关操作。

在图 7-18 中的"颜色"下拉列表框中选择需要修改的颜色，然后分别拖动下面 CMYK 4 种颜色的滑块可改变当前颜色比重，对没选择的颜色分量不会改变。例如，选择红色来减少红色像素中黄色成分的含量，但其他颜色，如绿色、蓝色等的黄色分量不会改变，该功能常用于分色程序。

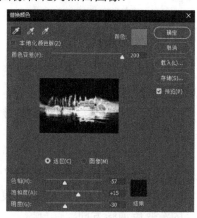

图 7-17 "替换颜色"对话框

图 7-18 "可选颜色"对话框

7.6 图像局部的颜色调整技术

在日常生活中经常会碰到颜色有偏差或偏暗的照片，这就需要进行颜色调整。通过本节的实训与练习使学生掌握利用色阶(或曲线)、通道混和器、自动色阶等功能调整图像的偏色及局部颜色效果。

7.6.1 通道混和器

"通道混和器"命令可改变某一通道中的颜色，并混合到主通道中产生一种图像合成效果。打开图像后执行"图像"|"调整"|"通道混和器"菜单命令，打开如图 7-19 所示的对话框。

在"输出通道"下拉列表框中可选择要调整的通道，对于"源通道"可在文本框中输入数值或拖动滑块改变所

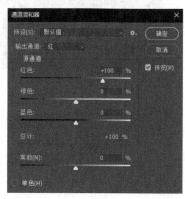

图 7-19 "通道混和器"对话框

选通道的颜色，"常数"选项用来指定通道的不透明度，"单色"复选框可用于制作灰度图像。

7.6.2 渐变映射

"渐变映射"命令用于将渐变的色彩效果应用到图像中，是个不常用的命令。打开图像后执行"图像"|"调整"|"渐变映射"菜单命令，打开如图 7-20 所示的对话框。

可选中"渐变选项"选项组中的任一复选框选择一种渐变类型。选中"仿色"复选框，将使色彩过渡更平滑；选中"反向"复选框，将使现有的渐变色逆转方向。

图 7-20   "渐变映射"对话框

例 7.1　给照片做出光晕效果。

下面举例来具体说明。

(1) 打开原图，单击"图层"面板中的 █ 按钮，在弹出的菜单中选择"渐变映射"命令，如图 7-21 所示。

给照片添加光晕
效果

图 7-21　选择"渐变映射"命令

(2) 弹出"渐变编辑器"属性面板，双击渐变颜色条，如图 7-22 所示。

(3) 弹出"渐变编辑器"对话框，设置颜色，如图 7-23 所示。

(4) 在"图层"面板中设置图层模式为"叠加"，得到的最终效果如图 7-24 所示。

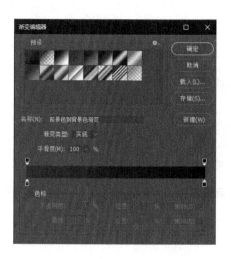

图 7-22　渐变条

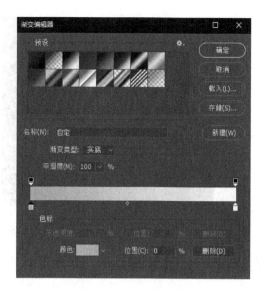

图 7-23　设置渐变颜色

图 7-24　设置图层模式

7.7　图像色彩的特殊调整技术

为实现一些特殊的色彩效果，在图像色彩调整中会用到前面几节中没有提及的几种方法，如"反相""色调均化""阈值"和"色调分离"。通过本节的实训与练习使学生掌握图像色彩的一些特殊调整技术。

7.7.1　反相

"反相"命令能将图像转换成反相效果，应用它可将图像转化为阴片，或将阴片转换为图像。打开图像后执行"图像"|"调整"|"反相"菜单命令，Photoshop 就会自动执行，执行"反相"命令前后的效果如图 7-25 所示。

图 7-25　反相前后的效果

7.7.2　色调均化

有时图像中的色彩显得比较复杂，容易让人感到眼花缭乱，这时只要执行"图像"|"调整"|"色调均化"菜单命令，Photoshop 就会自动进行色调均化调整，可均匀分布图像画面中的除最深与最浅处以外的中间像素。

7.7.3　阈值

"阈值"命令能将彩色或灰度图像转换为高对比度的黑白图像，其选项就是定义一个色阶为阈值，比这个值亮的像素转变为白色，比这个值暗的像素转变为黑色，此命令较常用。

执行"图像"|"调整"|"阈值"菜单命令，打开如图 7-26 所示的对话框，从中可进行相关操作。阈值色阶值要视图像效果确定。

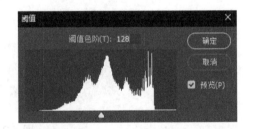

图 7-26　"阈值"对话框

7.7.4　色调分离

"色调分离"命令可指定图像每个通道的色调级别，即亮度值的数目，并将指定亮度的像素映射为最接近的匹配色调。执行"图像"|"调整"|"色调分离"菜单命令，打开如图 7-27 所示的对话框，从中输入合适的色阶值即可。

图 7-27　"色调分离"对话框

本 章 小 结

本章主要介绍图像颜色的各种模式及其转换，以及颜色选取的各种方法。这些颜色模式是能够在屏幕和印刷品上成功表现的重要保障。在这些色彩模式中，经常用到的有 CMYK

模式、RGB 模式、Lab 模式以及 HSB 模式。这些模式都可以在模式菜单下选择，每种颜色模式都有不同的色域并且可以相互转换。另外，本章还介绍了基本的颜色调整技巧，图像调整是 Photoshop CC 2017 的基本功能之一。通过学习了解对图像的色相、饱和度以及明度的调整，可以使图像更加贴近需要的效果。关于具体在实际中的应用，只有通过不懈的学习和实践才能够熟练掌握。

课 后 习 题

一、选择题

1. (　　)不属于彩色图像模式。

A. RGB 模式 B. Lab 模式

C. CMYK 模式 D. 位图模式

2. (　　)命令具有调整图像的亮度和对比度(不同颜色间的差异)，将一次调整图像中所有像素(包括高光、中间调和暗调)的功能。

A. 色彩平衡 B. 亮度/对比度 C. 色相/饱和度 D. 色阶

3. (　　)命令可改变某一通道中的颜色，并混合到主通道中产生一种图像合成效果。

A. "通道混和器" B. "渐变映射"

C. "阈值" D. "色调分离"

4. "曲线"命令与(　　)命令的作用相似，但功能更强，它不但可以调整图像的亮度，还能调整图像的对比度和色彩。

A. "色调均化" B. "渐变映射"

C. "色阶" D. "阈值"

二、填空题

1. _____命令用于改变各色彩在图像中的混合效果，即改变彩色图像中颜色的组成。

2. _____命令会将彩色图像中所有颜色的饱和度变为 0，即将彩色图像转化为黑白图像。但该命令和将图像转换成"灰度"图不同，它不会改变图像的色彩模式。

三、上机操作题

1. 将黑白照片调整为彩色照片，通过"色彩平衡""色相/饱和度"等命令即可实现，如图 7-28 所示。

图 7-28　黑白照片转为彩色照片

2. 制作图片的艺术效果。通过"阈值"命令创建选区并用渐变工具填充颜色，最后使用文字工具添加文字，如图 7-29 所示。

    3. 打开黑色的夜景图(见图 7-30)，通过"曲线""色阶""亮度/对比度"等命令进行调整。

图 7-29　制作艺术效果

图 7-30　调整颜色

第 **8** 章

图层的使用

Photoshop 的图层功能十分强大，图层可以将一个图像中的各个部分独立出来，然后可以对其中的任何一个部分进行处理，而这些处理不会影响到别的部分。利用图层功能可以创造出许多令人难以想象的特殊效果。结合图层的混合模式、透明度以及图层的样式，才能真正发挥 Photoshop 强大的功能。

8.1 图层的概念和"图层"面板

Photoshop 中的图层,表示将一幅图像分为几个独立的部分,每一部分放在相对独立的层上。在合并图层之前,图像中每个图层都是相互独立的,在对其中某一个图层中的元素进行绘制、编辑、粘贴和重新定位等操作时,不会影响其他图层。各个图层还可以通过一定的模式混合在一起,从而得到千变万化的效果。

8.1.1 图层的概念

图层的概念来源于动画制作领域。在动画制作过程中,为了减少不必要的工作量,动画制作人员使用透明纸来进行绘图,将动画中变动的部分和背景图分别画在不同的透明纸上,这样背景图就不必重复绘制了,需要时叠放在一起即可。

Photoshop 中的图层与动画中所用到的图层相似,也是将图像的各个部分放在不同的图层上。图层中没有图像的部分是透明的,而有图像的部分是不透明的,将这些图层叠放起来,形成一幅完整的图像,如图 8-1 所示。

图 8-1　Photoshop 制作效果所显示的图层

图层具有以下特点:

◎ 对一个图层的操作可以是独立的,丝毫不影响其他图层。这些操作包括剪切、复制、粘贴和填充,以及工具栏中各种工具的使用。

◎ 图层中没有图像的部分是完全透明的,有图像的部分可以调节其透明度。

◎ 对图层的编辑处理工作,既可以通过图层菜单中的命令来实现,也可以使用"图层"面板进行操作。

8.1.2 "图层"面板

对图层的操作绝大部分都是在"图层"面板中完成的。如果"图层"面板没有显示，可以执行"窗口"|"图层"菜单命令，显示"图层"面板，如图 8-2 所示。

图 8-2 "图层"面板

"图层"面板中，各参数的含义如下。

◎ 正常 ∨(图层混合模式)：在此下拉列表框中可以选择不同的图层混合模式，来决定这一图层图像与其他图层叠合在一起的效果。

◎ 不透明度: 100% ∨(不透明度)：用于设置图层总体不透明度。当切换作用图层时，不透明度显示也会随之切换为当前作用图层的设置值。

◎ ▨(锁定透明像素)：用来锁定当前图层的透明区域，使透明区域不能被编辑。

◎ ✒(锁定图像像素)：单击此按钮，将使当前图层和透明区域不能被编辑。

◎ ✛(锁定位置)：单击此按钮，将使当前图层不能被移动。

◎ ▣(锁定全部)：单击此按钮，将使当前图层或序列完全被锁定。

◎ 填充: 100% ∨(设置图层的内部不透明度)：用于设置内部不透明度。

在"图层"面板的下方有一排按钮，从左至右依次为链接图层、添加图层样式、添加蒙版、创建新的填充或调整图层、创建新组、创建新图层和删除图层。

◎ ⧉(链接图层)：先按住 Shift 键，再左键选中要链接的多个图层，再单击此按钮将两个或两个以上的图层进行链接。链接后的图层可以同时进行移动、旋转、变换等操作。

◎ fx(添加图层样式)：单击此按钮可以打开一个菜单，从中选择一种图层样式以应用于当前所选图层。

◎ ▣(添加蒙版)：单击此按钮将在当前图层上创建一个蒙版。

◎ ◔(创建新的填充或调整图层)：单击此按钮可以打开一个菜单，使用其中的命令创建一个填充图层或者调整图层。

◎ ▢(创建新组)：单击此按钮，将新建一个文件夹，可将图层放入文件夹中，当图层较多时，方便分类，归纳图层。

◎ ▣(创建新图层)：单击此按钮，将在当前层的上面创建一个新层。

◎ ▥(删除图层)：单击此按钮可以将当前所选图层删除，或者拖动图层到该按钮上也可以删除图层。

除了这些按钮外，在"图层"面板中还会有一些显示图层当前状态的图标，其具体含义如下。

◎ "图层名称" 图层2：在图层中定义出不同的名称以便区分：如果在建立图层时没有命名，Photoshop 会自动依次定名为"图层 1""图层 2"，依此类推。

◎ "图层缩览图" ▬：显示当前图层中的图像缩览图，通过它可以迅速辨识每一个图层，可通过右键缩略图，调整图层缩略图大小。

◎ "眼睛" ◉：用于显示或隐藏图层和图层样式效果，单击眼睛图标可以切换显示或隐藏状态。

◎ "图层链接" ：前面讲到了"链接图层"按钮，单击此按钮后，将在图层名称后显示链接的图标。

对图层进行操作时，如新建、复制、删除图层等可以通过"图层"面板菜单(见图 8-3)中的命令来完成，这样可以大大提高工作效率。

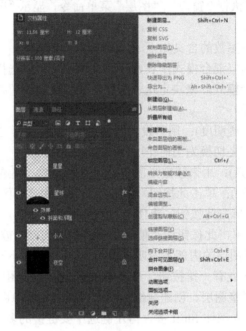

图 8-3　面板菜单

8.1.3　图层类型

在 Photoshop 中，不同种类的图层其属性和功能略有差别，可以将图层分为以下几类。

◎ 普通图层：最基本也是最常用的图层形态，对图像的操作基本上都是在普通图层中进行。

◎ 背景图层：背景图层与普通图层的区别在于背景图层永远位于图像的最底层，且许多适合于普通图层的操作在背景图层中不能完成。背景图层和普通图层之间可以互相转换。双击背景图层或执行"图层"|"新建"|"背景图层"菜单命令，普通图层就会转换成背景图层；右击背景图层，选择"背景图层"选项(或者单击背景，执行"图层"|"新建"|"背景图层"菜单命令)，打开"新建图层"对话框，设置后单击"确定"按钮，背景图层就会转变为普通图层。

◎ 调整图层：利用图层的色彩调整功能创建的图层，与色彩调整命令相比，调整图层可以调整其下边所用图层的色彩，而不改变各图层的内容。

◎ 文字图层：用文字工具创建的图层。在文字图层中可以进行大部分的图像处理，但有些滤镜功能无法使用。文字图层可以转换为普通图层，转换后不能再进行文本编辑。

◎ 填充图层：使用填充图层可以在当前图层中填入一种颜色(纯色或渐变色)或图案，并结合图层蒙版的功能，产生一种遮盖特效。

◎ 　形状图层：利用形状工具创建的图层，由填充图层和形状路径两部分组成。前者用于决定向量对象的着色模式，后者用于确定向量对象的外形。

图层编辑操作

图层的基本编辑操作包括创建和删除图层、移动和复制图层、图层的链接和合并、图层修饰等。图层的基本编辑操作主要是在"图层"面板中完成的。

8.2.1　新建图层和删除图层

在"图层"面板中可以新建图层，或者删除图层。

1．新建图层

新建图层有以下几种方法。

(1)　用按钮新建图层。

新建图层最简单的方法是直接单击"图层"面板上的 █ 按钮，即可在当前图层的上面创建一个新图层，图层的名字默认为"图层 1""图层 2""图层 3"，依次类推。双击图层操作平台上图层的名字可以将其重命名。

(2)　通过新图层命令创建新图层。

执行"图层"|"新建"|"图层"菜单命令，将弹出"新建图层"对话框，如图 8-4 所示。

其中各项参数的含义如下。

图 8-4　"新建图层"对话框

◎ 　"名称"：设置新图层的名称。

◎ 　"使用前一个图层创建剪贴蒙版"：新建的图层位于前一个图层的下方，通过前一个图层创建剪贴蒙版效果。

◎ 　"颜色"：用来设置图层操作状态区域和眼睛图标区域的颜色。

◎ 　"模式"：用于指定该图层中的像素和其下图层中像素的混合模式。

◎ 　"不透明度"：设置图层的不透明度。

(3)　通过粘贴图像创建新图层。

当向某一图层中直接粘贴剪贴板中的图像时，这幅图像将会在该层上面形成一个新的图层。如果在粘贴之前在原有的图层上没有选区，则剪贴板的图像会位于整个新层的中央；如果在原来的图层上有选区，则剪贴板中的图像会位于选区的中央。

2．删除图层

可以通过以下方法删除图层。

(1)　选择所要删除的图层，将其拖到图层右下角的 █(删除)按钮，即可删除此图层。

(2)　选中所要删除的图层后，单击 █(删除)按钮，此时弹出询问对话框，单击"是"按钮确定删除图层，单击"否"按钮取消删除命令。

(3)　通过面板菜单命令来删除图层。在"图层"面板菜单中，包括"图层"和"隐藏图层"两种删除图层命令，其意义分别是删除当前图层、删除具有链接关系的图层和删除所有隐藏的图层。

8.2.2　移动和复制图层

所有的图层均显示在"图层"面板中,图层在面板中的排列次序直接影响到显示的效果,对于某个图层可以移动其位置或复制图层。

1．移动图层

要移动图层中的图像,可以使用移动工具。如果是要移动整个图层的内容,只需将要移动的图层设为作用层,然后使用移动工具就可以移动图像;如果是要移动图层中的某一块区域,则必须先选取要移动的区域,再使用移动工具进行移动。

2．复制图层

复制图层的方法有以下两种。

(1) 将要复制的图层拖动到 按钮上,即可将图层复制,图层名称为原图层名后面加上"拷贝",如图 8-5 所示,或者是按快捷键 Ctrl+J,或者是按住 Alt 键,并拖动想要复制的图层,松开即可复制。

(2) 使用面板菜单中的命令来复制图层。选择要复制的图层,通过右键快捷菜单中的"复制图层"命令或执行"图层"|"复制图层"菜单命令,弹出"复制图层"对话框(见图 8-6),在"为"文本框中设置新图层的名称,在"文档"下拉列表框中选择将新图层复制到哪个文档中,默认为原图层所在的文档。

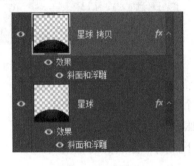

图 8-5　图层拷贝

图 8-6　"复制图层"对话框

8.2.3　调整图层的叠放次序

图像一般由多个图层组成,而图层的叠放次序直接影响图像显示的真实效果,上面的图层总是遮盖其底下的图层。在编辑图像时,可以调整各图层之间的叠放次序来实现最终的效果。调整图层叠放次序的方法如下。

(1) 通过"图层"|"排列"菜单命令来调整图层次序,如图 8-7 所示。在执行命令之前,需要先选定要调整次序的图层,然后再执行"排列"子菜单中的命令。

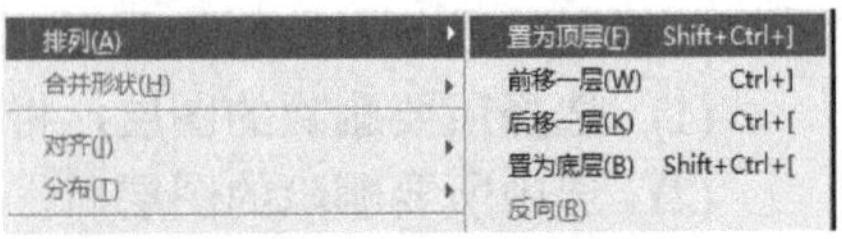

图 8-7　"排列"子菜单

(2) 在"图层"面板中选择要调整次序的图层,然后拖动鼠标指针至适当的位置,也可以完成图层的次序调整。

8.2.4 图层的链接与合并

前面在讲解"图层"面板时,讲到了"链接图层"按钮。下面主要讲解的是图层链接与合并。链接与合并均是将多个图层进行组合的操作,只是组合的方式不同。

1. 图层链接

对图层的链接是比较常用的图层操作方式之一,将相关的图层链接到一起,可以将某些操作同时应用于具有链接关系的图层。例如,可以同时移动链接图层,可以调整图层的位置关系等。要进行图层链接,首先在"图层"面板中选定链接的多个图层,按住 Shift 键单击要链接的图层,单击"图层"面板下方的 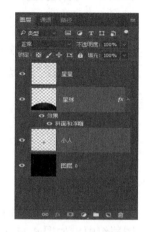 按钮,所选图层链接在一起,如图 8-8 所示。

如果要取消图层的链接关系,则单击该图层操作状态区域的 图标使其消失,即表明已取消了该图层与当前图层的链接关系。

图 8-8 链接图层

2. 图层合并

在一幅图像中,建立的图层越多,则该图像文件所占用的磁盘空间也就越大。因此,对一些不必要分开的图层可以将它们合并以减小文件所占用的磁盘空间,同时也可以提高操作速度。图层的合并主要是通过菜单命令来完成,打开"图层"面板菜单,单击其中的合并命令即可。合并的方式包括以下几种(如图 8-9 所示)。

图 8-9 选择"合并图层"命令

其中各项参数的含义如下。

(1) "向下合并":用来把当前图层和其下边的图层合并,合并后的新图层的名称为下边图层的名称。

(2) "合并可见图层":将所有可见图层合并,即所有带 图标的图层合并。合并后的名称也为当前图层的名称。

(3) "拼合图像":合并所有的图层,包括可见图层和不可见图层。合并后的图像将不显示不可见的图层，合并后的名称为"背景"。

(4) "合并图层"：合并所有选中的图层，合并的图层的名称为最上层图层的名称。

8.2.5 图层组

"图层组"即将若干图层组成为一组，在图层组中的图层关系比链接的图层关系更紧密，基本上与图层相差无几。

执行"图层"|"新建"|"组"菜单命令，弹出"新建组"对话框，如图 8-10 所示。

图 8-10 "新建组"对话框

单击"确定"按钮，在"图层"面板中出现类似文件夹图标，可以拖动图层将其放入图层组中，如图 8-11 所示。

对图层组的其他操作与对图层的操作基本相同，所不同的是不能直接对图层组套用图层样式。另外，当删除图层组时，系统会弹出询问对话框，如图 8-12 所示。单击"组和内容"按钮，则删除图层组及其中的图层；单击"仅组"按钮，只删除图层组；单击"取消"按钮，则取消删除。

图 8-11 将图层分组

图 8-12 删除组询问对话框

8.2.6 剪贴组图层

当两个图层组合成为一个剪贴组图层后，基底图层(即这一编组中的最底层)透明部分会盖住上一个图层的内容。

建立剪贴组图层的操作步骤如下。

(1) 打开一幅图像，图像中有两个图层，上面的图层是渐变图层，下面的图层是卡通小人图层(图层中没有图像的部分是透明的)，如图 8-13 所示。

(2) 按住 Alt 键，将鼠标指针移到"图层"面板中两个图层之间的细线处，此时鼠标指针变成弯曲的箭头加方框的形状。

(3)　上下两图层建立了剪贴组关系。这时卡通小人图层相当于渐变图层的蒙版，如图 8-14 所示。

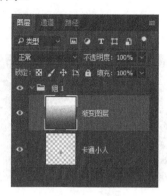

图 8-13　打开图像

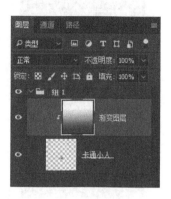

图 8-14　剪贴组

例 8.1　制作布满水汽的玻璃上写字效果。

下面举例来具体说明如何制作出布满水汽的玻璃上的写字效果。

具体操作步骤如下。

(1)　打开 Photoshop CC 2017，新建一个空白文档，在文档中输入一些文字，如图 8-15 所示。

制作布满水汽的玻璃上的写字效果

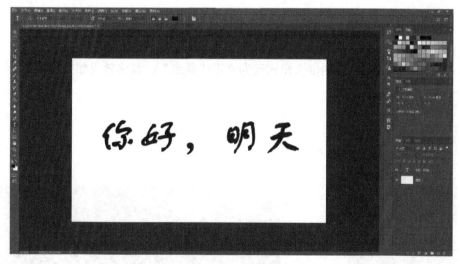

图 8-15　输入文字

(2)　执行"文件"|"置入"菜单命令，将素材图片置入图像中，覆盖住下方文字图层即可，如图 8-16 所示。

(3)　按 Ctrl+T 组合键，进入自由变换状态，拖动编辑点改变图片的大小和位置，如图 8-17 所示。

(4)　将鼠标指针移动到新建图层和文字层之间，按住 Alt 键，鼠标指针变成另一种模式，此时单击鼠标左键，创建剪贴蒙版，该图层下方的文字图层显现出来，如图 8-18 所示。

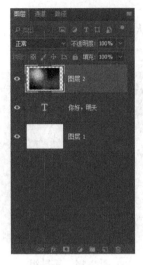

图 8-16　置入素材图像

图 8-17　调整图像大小

图 8-18　创建剪贴蒙版

(5)　再置入一张素材图片，并调整该图层的透明度，如图 8-19 所示。

(6)　将最新置入的图层的混合模式设为"正片叠底"，最终效果如图 8-20 所示。

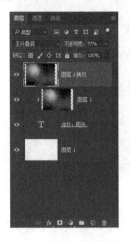

图 8-19　置入素材图片

图 8-20　最终效果

剪贴组图层的文字底层相当于底板，而上层的素材图层相当于彩纸，等于根据底板裁制上层的彩纸，底板是什么形状，彩纸就会显示成什么形状。

8.3 图层样式

图层样式为利用图层处理图像提供了更方便的处理手段，利用图层样式可以直接制作不同形状却具有相同样式的对象。可以直接从"样式"面板中套用已有的样式，也可以通过对各种样式的参数进行设置从而制作出各种特殊效果。

8.3.1 使用图层样式

图层样式的使用非常简单，其具体操作步骤如下。

(1) 打开一幅图像，选中要应用图层样式的图层。

(2) 执行"图层"|"图层样式"|"混合选项"菜单命令，如图 8-21 所示，弹出混合样式对话框；或者单击"图层"面板中的 ▒ 按钮，再单击"混合选项"，如图 8-22 所示；或者双击图层也可弹出对话框。

图 8-21 "图层"|"图层样式"子菜单

图 8-22 "图层"面板中的命令

(3) 打开"图层样式"对话框，如图 8-23 所示，在此对话框中设置投影效果的参数。

(4) 完成设置，单击"确定"按钮，即可得到如图 8-24 所示的投影效果。

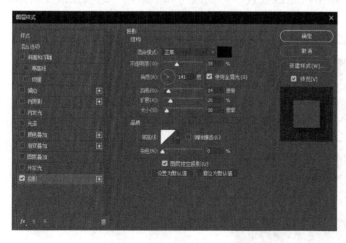

图 8-23 "图层样式"对话框

图 8-24 得到的效果

8.3.2 常用的图层样式

在"图层样式"对话框中，有 10 种图层样式可供选择，各图层样式的参数在"图层样式"对话框中进行设置。

1. 阴影效果

对任何一个平面处理的设计师来说，阴影制作是基本功。无论是文字、按钮、边框还是一个物体，如果加上一个阴影，则会顿时产生层次感，为图像增色不少。因此，阴影制作在任何时候都使用得非常频繁。不管是在图书封面上，还是在报纸、杂志或海报上，经常会看到拥有阴影效果的文字。

Photoshop 提供了两种阴影效果的制作，分别为投影和内阴影。这两种阴影效果的区别在于：投影是在图层对象背后产生阴影，从而产生投影视觉；而内阴影则是紧靠在图层内容的边缘内添加阴影，使图层具有凹陷外观。这两种图层样式只是产生的图像效果不同，其参数选项是一样的，如图 8-25 所示。

其中各项参数的含义如下。

(1) "混合模式"：用于选定投影的图层混合模式。在其右侧有一颜色框，单击它可以打开对话框选择阴影颜色。

(2) "不透明度"：用于设置阴影的不透明度，值越大阴影颜色越深。

(3) "角度"：用于设置光线照明角度，即阴影的方向会随角度的变化而产生变化，指针所指的方向是光源所在的位置。

(4) "使用全局光"：可以为同一图像中的所有图层样式设置相同的光线照明角度。

(5) "距离"：用于设置阴影的距离，变化范围为 0～30 000，值越大距离越远。

(6) "扩展"：用于设置光线的强度，变化范围为 10%～100%，值越大投影效果越强烈。

(7) "大小"：用于设置阴影柔化效果，变化范围为 0～250，值越大柔化程度越大。当其值为 0 时，该选项的调整将不会产生任何效果。

(8) "品质"：在此选项组中可通过设置"等高线"和"杂色"选项来改变阴影效果。

(9) "图层挖空投影"：用于控制投影在半透明图层中的可视性或闭合。

图 8-26 所示为设置的阴影效果。

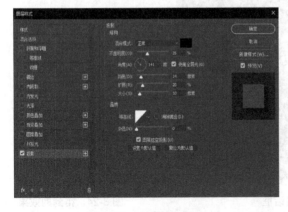

图 8-25 "投影"选项　　　　　　　　图 8-26 设置的阴影效果

2．发光效果

在图像制作过程中，经常看到如图 8-27 所示的文字或物体发光的效果。发光效果在直觉上比阴影更具有计算机色彩，而且制作方法也简单，使用图层样式中的"外发光"和"内发光"命令即可。

在制作外发光和内发光的效果之前，先选定要制作发光效果的图层，然后打开"图层样式"对话框，设置好发光效果的各项参数即可。内发光的效果如图 8-28 所示。

图 8-27　外发光效果　　　　　　　　　　　　图 8-28　内发光效果

3．斜面和浮雕效果

执行"斜面和浮雕"命令可以制作出具有立体感的文字。在制作特效文字时，这两种效果的应用是非常普遍的。选项参数如图 8-29 所示，可以按如下步骤进行设置。

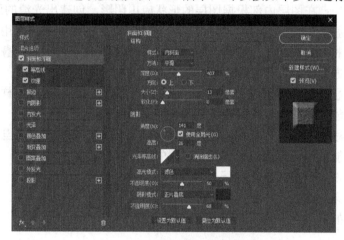

图 8-29　"斜面和浮雕"参数设置

(1) 在"图层样式"对话框左侧选中"斜面和浮雕"复选框，接着在右侧的"结构"选项组中的"样式"下拉列表框中选择一种图层样式。

◎　"外斜面"：选择此选项，可以在图层内容的外部边缘产生一种斜面的光线照明效果。此效果类似于投影效果，只不过在图像两侧都有光线照明效果而已。

◎　"内斜面"：选择此选项，可以在图层内容的内部边缘产生一种斜面的光线照明效果。此效果与内投影效果非常相似。

◎　"浮雕效果"：选择此选项，可以创建图层内容相对它下面的图凸出的效果。

◎　"枕状浮雕"：选择此选项，可以创建图层内容的边缘陷进下面图层的效果。

◎　"描边浮雕"：选择此选项，可以创建边缘浮雕效果。

(2) 在"方法"下拉列表框中选择一种斜面表现方式。

◎　"平滑"：选择此选项，斜面比较平滑。

◎ "雕刻清晰"：选择此选项，将产生一个较生硬的平面效果。

◎ "雕刻柔和"：选择此选项，将产生一个柔和的平面效果。

(3) 设置斜面的深度、方向、作用范围大小、软化程度。

(4) 在"阴影"选项组中设置阴影的角度、高度、光泽等高线，以及设置斜面阴影的亮部和暗部的不透明度和混合模式。

(5) 设置完毕后，单击"确定"按钮即可完成斜面和浮雕效果的制作。图 8-30 所示是各种斜面和浮雕效果的图像。

图 8-30　"斜面和浮雕"的效果

4．其他图层样式

除上面介绍的阴影、发光、斜面和浮雕之外，Photoshop 还有其他几种图层样式，它们的功能如下。

(1) "光泽"：在图层内部根据图层的形状应用阴影，创建出光滑的磨光效果。

(2) "颜色叠加"：可以在图层上填充一种纯色。此图层样式与使用"填充"命令填充前景色的功能相同，与建立一个纯色的填充图层类似，只不过"颜色叠加"图层样式比上述两种方法更方便，因为可以随便更改已填充的颜色。

(3) "渐变叠加"：可以在图层内容上填充一种渐变颜色。此图层样式与在图层中填充渐变颜色的功能相同，与创建渐变填充图层的功能相似。

(4) "图案叠加"：可以在图层内容上填充一种图案。此图层样式与使用"填充"命令填充图案的功能相似，与创建图案填充图层的功能相似。

(5) "描边"：此样式会在图层内容边缘产生一种描边的效果。功能类似于"描边"命令，但它具有可修改的弹性，因此使用起来更方便。

8.3.3　使用"样式"面板

Photoshop 提供了一个"样式"面板，该面板专门用于保存图层样式，在下次使用时，就不必再次编辑，而可以直接进行应用。下面介绍"样式"面板的使用方法。

(1) 执行"窗口"|"样式"菜单命令，可以显示"样式"面板。Photoshop 带有大量的已经设置好的图层样式，可以通过"样式"面板弹出命令菜单载入各种样式库，如图 8-31 所示。

(2) 只需单击这些样式按钮，就可以直接套用所选样式。也可以自行设置自定义样式，单击"新建样式"命令，弹出"新建样式"对话框，

图 8-31　"样式"面板

从中进行相应的设置即可。

8.4 图层混合选项

执行"图层"|"图层样式"|"混合选项"菜单命令，可以在弹出的"图层样式"对话框中，对"混合选项"进行设置，如图 8-32 所示。

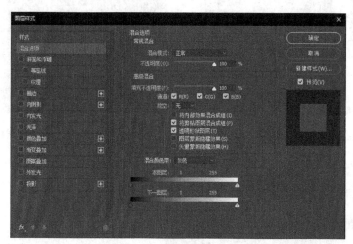

图 8-32 设置"混合选项"参数

其中各项参数的含义如下。

(1) "常规混合"：在此选项组中可以设置"混合模式"和"不透明度"两种常规选项。

(2) "高级混合"：在此选项组中可以对图层的属性进行更细致的设置。

◎ "填充不透明度"：与透明度的填充很相似，但不同的是这里的透明度设置不但对图层本身进行处理，还对所套用的额外属性包括"混合模式"或"样式"等进行相互处理。

◎ "通道"：用于设置图层高级选项所会影响到的通道，在默认状态下所有通道皆处于选中状态。

◎ "挖空"：其下拉列表框中提供了 3 种模式供选择，即"无""浅"和"深"。

◎ "混合颜色带"：混合颜色带的下拉列表框中会根据当前图像色彩模式出现各个原色通道，拖动"本图层"和"下一图层"滑杆上的小三角滑块，即可设定色彩模式混合时的像素范围。

例 8.2 制作金属特效字。

下面举例来具体说明如何使用图层样式制作出金属的特效。

具体操作步骤如下。

(1) 打开 Photoshop，新建文档，置入背景素材图片，然后输入文字，字体随意，大小合适即可，颜色为#000000，如图 8-33 所示。

制作金属特效字

(2) 双击该文字图层设置斜面与浮雕和描边样式，勾选各等高线，各参数设置如图 8-34 所示，描边样式参数适当就好。

(3) 设置此图层的内发光、内阴影、光泽样式。光泽样式参数如图 8-35 所示。内发光和内阴影只能微调质感，参数适当即可。

(4) 最终效果如图 8-36 所示。

图 8-33　输入文字

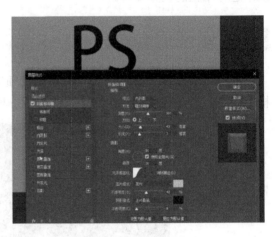

图 8-34　设置图层样式

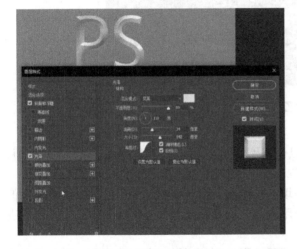

图 8-35　设置光泽样式

图 8-36　最终效果

8.5　填充图层与调整图层的运用

下面主要讲解填充图层与调整图层的运用。

8.5.1　填充图层

填充图层是一种带蒙版的图层，其内容可以为纯色、渐变色或图案。具体操作方法如下。

选择图层，单击"图层"面板底部的█按钮，然后在弹出的菜单中选择"纯色"命令或执行"图层"|"新建填充图层"|"纯色"菜单命令，打开"拾色器"对话框，选择红色，单击"确定"按钮，此时"图层"面板如图 8-37 所示，双击填充图层缩

图 8-37　新建填充图层

略图可打开"拾色器"面板,可随时更换填充颜色。

8.5.2　调整图层

利用调整图层,可以将色阶等效果单独放在一个图层中,而不改变原图像。具体操作方法如下。

选择图层,单击"图层"面板底部的■按钮,然后在弹出的菜单中选择"色阶"命令,或执行"图层"|"新建调整图层"|"色阶"菜单命令,可在属性面板中找到色阶进行调整。"图层"面板和属性面板显示如图 8-38 所示。

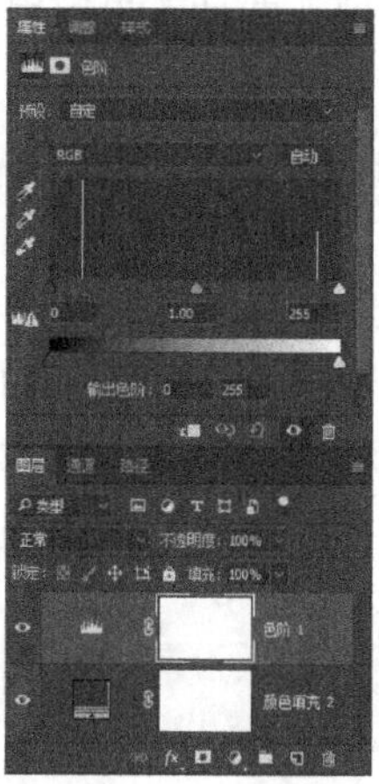

图 8-38　新建调整图层

8.6　图层蒙版的应用

创建图层蒙版可控制图层中的不同区域如何隐藏和显示,通过改变图层蒙版,可以将大量的特殊效果应用到图层,而不会影响到图层上的像素。本次实训的目的在于掌握图层蒙版的建立、编辑以及使用等操作。

蒙版是用来保护特定区域,让该区域不受任何编辑操作的影响,而只对未保护的区域产生作用,只对它所在的图层起作用,不影响其他图层的可见程度。具体操作方法如下。

打开一幅图片,将背景层转化为普通图层,单击"图层"面板底部的■按钮,就添加了一个图层蒙版,默认是显示全部,或者执行"图层"|"图层蒙版"|"显示全部"|"隐藏全部"菜单命令,如图 8-39 所示。

蒙版制作完成后,可以对蒙版本身进行操作。执行"图层"|"图层蒙版"|"停用"菜单命令,或者右击图层蒙版缩略图,选择"停用图层蒙版"命令,"图层"面板上会出现红色的交叉符号,图片又恢复了最初的状态,如图 8-40 所示。

图 8-39　添加图层蒙版

图 8-40　停用图层蒙版

若蒙版停用后,还希望再使用蒙版,则执行"图层"|"图层蒙版"|"启用"菜单命令,就会恢复蒙版的使用,或者右击图层蒙版缩略图,在弹出的快捷菜单中选择"启用图层蒙版"命令。

如果希望将蒙版去除,则执行"图层"|"图层蒙版"|"删除"菜单命令,蒙版就会被去掉,蒙版效果也会消失;执行"图层"|"图层蒙版"|"应用"菜单命令,蒙版也会被去

掉，并且效果应用于当前的图层。

本 章 小 结

本章介绍了图层的基本概念和基本操作方法，以及图层的功能、使用方法和应用技巧。通过本章对相关知识的学习，能使用"图层"面板创建和管理图层；应用图层样式实现特殊的图层效果；掌握图层的各种使用技巧。所含知识点包括图层的概念、"图层"面板、图层编辑、图层样式、图层混合模式、图层蒙版。

课 后 习 题

一、选择题

1. ( )不属于图层的分类。
  A. 填充图层   B. 文字图层
  C. 普通图层   D. 图层样式

2. 可以复制图层的方法是( )
  A. 执行"图层"|"复制图层"菜单命令   B. 执行"编辑"|"拷贝"菜单命令
  C. 按 Ctrl+C 组合键   D. 直接双击需要复制的图层

3. 更改图层的叠放次序时，( )用鼠标拖动图层。
  A. 不可以   B. 可以
  C. 有时可以   D. 不能

4. 在"图层样式"对话框中，有( ) 种图层样式可供选择。
  A. 5   B. 9
  C. 8   D. 10

5. Photoshop 提供了两种阴影效果的制作样式，分别为( )和( )。
  A. 投影   B. 内阴影
  C. 外发光   D. 内发光

二、填空题

1. 执行_____|_____命令，即可打开_____面板。

2. 执行_____|_____|_____命令，将弹出"新图层"对话框，从中即可创建新图层。

3. _____是一种带蒙版的图层，其内容可以为纯色、渐变色或图案。

4. 执行_____|_____|_____命令，打开"拾色器"对话框。

5. 创建_____可控制图层中的不同区域如何隐藏和显示，通过改变图层蒙版，可以将大量的特殊效果应用到图层，而不会影响到图层上的_____。

三、上机操作题

1. 制作书籍的封面。通过图层制作有立体感的封面效果，如图 8-41 所示。

图 8-41　制作书籍封面

2. 制作计算机液晶显示器的图片，如图 8-42 所示。

图 8-42　制作计算机液晶显示器的图片

3. 制作饭店的菜谱，如图 8-43 所示。

图 8-43　制作菜谱

第 9 章

路径与形状的应用

　　路径是绘制矢量形状和线条。创立精确的形状或选区的重要工具。由于路径是基于矢量而不是基于像素，路径的形状可以任意改变，而且它能和选取范围相互转换。因此，可以制作出形状很复杂的选取范围，大大方便了用户。通过本章的实训与练习，读者应掌握路径的基本知识，并能运用路径工具创建较复杂的路径造型。

9.1 路径的概念和"路径"面板

在 Photoshop 中处理图像时,图像的处理效果往往与精确的选区和精美的绘图紧密相关,而选择区域的准确与图形绘制的细致精美又往往很难做到。因此,在 Photoshop 中又提供了路径来辅助选定精确的选择区域和编辑图形来进行复杂、精美的图像处理。

9.1.1 路径的概念

矢量式图像是由路径和点组成的。计算机通过记录图形中各点的坐标值,以及点与点之间的连接关系来描述路径,通过记录封闭路径中填充的颜色参数来表现图形。因此,我们可以认为路径是组成矢量图像的基本要素。

在 Photoshop 中,使用路径工具绘制的线条、矢量图形轮廓和形状通称为路径,路径由节点(锚点)、控制手柄和两点之间的连线组成。通过移动节点的位置可以调整路径的长度和方向。路径没有颜色,因此节点、控制手柄和路径线条均只能在屏幕上显示,而不能被打印出来。但是闭合路径可以填充,所得到的矢量图形,事实上是填充了颜色的路径而非路径本身。在 Photoshop 中,可以利用描边和填充命令,实现渲染路径和路径区域的各种效果。

在图像上,路径由多个点组成,这些点称为节点或锚点。锚点又有平滑点和拐点之分,其中平滑点是处于平滑过渡的曲线上的,两侧各有一条控制手柄,当调节其中的一条控制手柄时,另外的一条控制手柄也会相应移动;拐点连接的可以是两条直线、两条曲线,或者是一条直线和一条曲线,两侧也各有一条控制手柄,但当调节其中的一条控制手柄时,另外的一条不会做相应移动。

路径主要用于进行光滑图像选择区域及辅助抠图,绘制光滑线条、定义画笔等工具的绘制轨迹,输出输入路径以及和选择区域之间的转换。在 Photoshop CS 中还增加了利用路径来定义文字轨迹的功能。在辅助抠图上路径也突出显示了强大的可编辑性,具有特有的光滑曲率属性,与通道相比,路径有着更精确、更光滑的特点。

9.1.2 路径绘制工具

制作路径的工具主要包括"钢笔工具"组和"路径选择工具"组。

1. "钢笔工具"组

要创建路径,就要用到工具箱中的"钢笔工具"组,如图 9-1 所示,包含 5 个工具,各工具的功能如下。

(1) "钢笔工具":可以绘制由多个点连接而成的线段或曲线。

(2) "自由钢笔工具":自由钢笔工具可用于随意绘图,就像用铅笔在纸上绘图一样。在绘图时,将自动添加锚点,无须确定锚点的位置,完成路径后可进一步对其进行调整。

(3) "添加锚点工具":可以在现有的路径上增加一个锚点。

(4) "删除锚点工具":可以在现有的路径上删除一个锚点。

(5) "转换点工具":可以在平滑曲线的转折点和直线转折点之间进行转换。

2. "路径选择工具"组

创建路径后，对路径进行编辑就要用到"路径选择工具"组。"路径选择工具"组包括"路径选择工具"和"直接选择工具"两个工具，如图 9-2 所示，这两个工具的功能如下。

图 9-1 "钢笔工具"组

图 9-2 "路径选择工具"组

(1) "路径选择工具"：用于选择整个路径及移动路径。

(2) "直接选择工具"：用于选择路径锚点和改变路径形状。

9.1.3 "路径"面板

选择"窗口"|"路径"菜单命令，可打开"路径"面板。在创建了路径以后，该面板才会显示路径的相关信息，如图 9-3 所示。

(1) 路径名称：用于设置路径名称。若在存储路径时，不输入新路径的名称，则 Photoshop 会自动依次命名为"路径 1""路径 2""路径 3"，依此类推。

(2) 路径缩览图：用于显示当前路径的内容，它可以迅速地辨识每一条路径的形状。单击"路径"面板右上方的小三角按钮，选择其中的"面板选项"命令，则可打开"路径面板选项"对话框，如图 9-4 所示，从中可选择缩览图的大小。

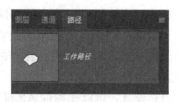

图 9-3 "路径"面板

图 9-4 "路径面板选项"对话框

"路径"工具按钮区各按钮的功能以及"路径"面板菜单中各菜单项的功能如下。在"路径"工具按钮区中共有 6 个工具按钮,它们分别是 (用前景色填充路径)、 (用画笔描边路径)、 (将路径作为选区载入)、 (由选区生成工作路径)、 (创建新路径)和 (删除当前路径)。

💡 **注意:** 正常情况下,如果使用位于"工具箱"中的"路径"工具来绘制出一条路径的时候,"路径"面板中将自动生成一个名为"工作路径"的路径层。路径层只是用来存放路径的,各个路径层之间不存在层次关系。在图像中只能显示当前路径层中的路径,而不能同时显示多个路径层中的路径。在 Photoshop 中绘制路径时,如果没有新建路径层,新绘制的路径会被暂时存放在工作路径层中,但工作路径不能永久保存。例如,当在"路径"面板中单击工作路径以外的任意空白处时,将结束当前路径的绘制并关闭路径,以后再绘制路径,新绘制的路径内容将取代以前的内容。如果需要将此路径层固定下来,则可以将当前的工作路径层拖到"路径"面板下方的工具按钮组中的"创建新路径"按钮上或打开"路径"面板菜单并从中选择"存储路径"命令,这样当前的工作路径层将自动被命名为"路径 1"(自动路径层命名规则为"路径 1"依次累加),具体如图 9-5 所示。

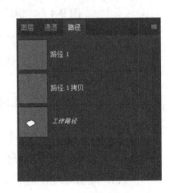

图 9-5　复制路径层

1．用前景色填充路径

　　 (用前景色填充路径)按钮用于将当前的路径内部填充设定内容。如果只选中一条路径的局部或者选中了一条未闭合的路径,则 Photoshop 将填充路径的首尾以直线段连接后所确定的闭合区域。

　　如果需要进行填充设置,可以在按住 Alt 键的同时,单击 (用前景色填充路径)按钮,则在填充前首先会弹出一个对话框,用于设置"填充路径"的相应属性,如图 9-6 所示。

　　"填充路径"对话框中的参数设置如下。

　　其中各项参数的含义如下。

图 9-6　"填充路径"对话框

　　(1)　"内容"下拉列表框用于确定具体所使用的填充色或填充类型,默认情况下使用的是前景色。

　　◎　"前景色":表示使用前景色进行填充。

　　◎　"背景色":表示使用背景色进行填充。

　　◎　"图案":表示使用定义的图案进行填充。

　　◎　"黑色":表示使用黑色进行填充。

　　◎　"50%灰色":表示使用中灰色进行填充。

　　◎　"白色":表示使用白色进行填充。

(2) "混合"选项组中各选项的含义如下。

◎ "模式"：用于设置合成模式。

◎ "不透明度"：用于设置填充色的不透明度。

◎ "保留透明区域"：用在非背景层的图层中，用于保护图层中的透明区域。

(3) "渲染"选项组中有两个选项，主要是为了防止填充区域边缘出现锯齿效果。

◎ "羽化半径"：此文本框用来决定羽化范围，单位为像素(羽化值越大，填充内容边缘晕开的效果越明显)。

◎ "消除锯齿"：此复选框用来决定是否使用抗锯齿功能。

2．用画笔描边路径

⊙(用画笔描边路径)按钮的作用是使用前景色沿路径的外轮廓进行路径描边，主要是为了在图像中留下路径的外观。

从严格意义上讲，⊙(用画笔描边路径)按钮实际上是使用某个 Photoshop 绘图工具沿着路径以一定的步长进行移动所导致的效果。如果按住 Alt 键的同时，单击⊙(用画笔描边路径)按钮，则会弹出"描边路径"对话框，如图 9-7 所示。

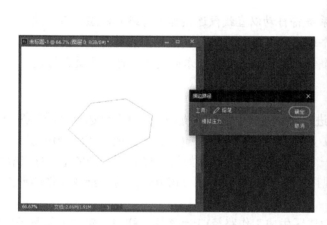

图 9-7　描边路径

在此对话框中，可以选择用画笔描边路径时所使用的工具。选用不同的绘图工具，将导致不同的描边效果。很明显，使用铅笔工具与使用画笔工具所描绘出的轮廓将完全不同。不仅如此，描边效果也受被选择工具原始的笔头类型的影响。即使是使用同一个工具，笔头设置不同，也将导致不同的描边效果。除了进行描边以外，Photoshop 中提供的"涂抹"工具等，也可以完成沿路径进行涂抹、模糊等操作。

💡 **注意**：在用画笔描边路径时，最常用的操作还是 1 像素宽的单线条的描边，但此时会出现问题，即有锯齿存在，影响实用价值。此时不妨先将其路径转换为选区，然后对选区进行描边处理，同样可以得到原路径的线条，却可以消除锯齿。

3．将路径作为选区载入

将当前被选中的路径转换成处理图像时用来定义处理范围的选择区域，则可以使用路径转换工具，来完成转换过程。

如果按住 Alt 键的同时，单击(将路径作为选区载入)按钮，则可以弹出"建立选区"对话框，如图 9-8 所示。

(1) "渲染"选项组：功能同"填充路径"对话框中的选项。

(2) "操作"选项组：只有在当前图像中已经存在选择区域时才全部有效。此设置决定着转换后所得到的选择区域与原来的选择区域如何合成。总共有 4 个单选按钮。

图 9-8 "建立选区"对话框

◎ "新建选区"：选择此选项时，如果当前图像中原来无选择区域时建立新选区；当前图像中原来已经存在选择区域时则直接替代原来的选择区域。

◎ "添加到选区"：选择此选项，将把新转换区域与原来的区域合并。

◎ "从选区中减去"：选择此选项时，将在原来的选择区域的基础上减去当前转换后所得到的选择区域，即所谓的布尔减法。

◎ "与选区交叉"：选择此选项时，将求两个选择区域的交集，即保留它们的共有部分，即所谓的布尔加法。

💡 **注意**：对于开放型路径，系统将自动以直线段连接起点与终点以组成系统默认的闭合区域。而一条由两个端点构成的路径即直线段，不能进行单独转换，基于同样的原因，一条由多个锚点组成的一次贝塞尔曲线组，也不能进行转换。

4．由选区生成工作路径

在 Photoshop 中，不仅能够进行路径转换为选区的操作，反过来将选择区域转换为路径也是可以的，这一操作使用了位于"路径"面板中的(由选区生成工作路径)按钮。

将选择区域转换成路径是一个非常实用的操作。如将扫描后所得到的毛笔字转换成矢量描述文件，这样可以将其外观直接导入如 3ds Max、SoftImage 等三维或矢量图形工具中进行编辑等操作。

按住 Alt 键，然后单击(由选区生成工作路径)工具按钮，弹出"建立工作路径"对话框，如图 9-9 所示。

"容差"选项：决定着转换过程所允许的误差范围，其设置范围为 0.5～10 像素。其设置值越小，则转换精确度越高，代价是所得到的路径上锚点数量也越多。在默认情况下，此值为 2.0 像素。

💡 **注意**：一般不需要改动默认值，已经够用。如果锚点实在不够可以在以后的操作中适当增加，这样可以避免走一些不必要的弯路。

5．创建新路径

单击(创建新路径)工具按钮即可在"路径"面板中增加一个新的路径层。和其他的同类工具按钮一样，按住 Alt 键的同时单击(创建新路径)工具按钮，则可以弹出"新建路径"对话框，如图 9-10 所示。

图 9-9 "建立工作路径"对话框

图 9-10 "新建路径"对话框

"名称"：此文本框用来设置当前新建路径层的名称。

(创建新路径)按钮的另外一个作用是快速完成路径层的复制工作。如果需要得到一个已经存在的路径层的拷贝，可以直接将此路径层列表项拖动至工具按钮处，释放鼠标按键后即可完成复制此路径层的工作，得到名为"路径 1 拷贝"，内容与路径 1 完全相同的新路径层。

6．删除当前路径

(删除当前路径)工具按钮用于删除路径层。要删除一个无用的路径层，可以先选择此层，然后单击 (删除当前路径)工具按钮即可。当然，也可以直接将要删除的路径层列表项拖动到 (删除当前路径)工具按钮上来完成删除当前路径的工作。只不过前者会出现对话框来进行再次确认，后者则不会。

与其他面板类似，单击"路径"面板上方的面板菜单按钮，即可弹出"路径"面板菜单，使用其中的菜单项可以完成"路径"面板中的所有按钮功能。其中的部分命令所起的作用与前面讲的路径工具按钮区的工具按钮所代表的功能完全一致。图 9-11 中显示了"路径"面板菜单的全部的菜单功能选项列表。

图 9-11 "路径"面板

"路径"面板菜单中的大部分功能与前面讲过的"路径"面板下方的工具按钮功能基本类似。对于重复的功能，这里只进行简单的说明，详细功能可参考前面的介绍。

◎ "新建路径"：用于创建一个新的路径层，与面板中的新建路径工具按钮功能一致。必须设置的选项为新建路径层的名称。

◎ "复制路径"：用于复制出一个已有的路径层的拷贝。此功能与将某路径层列表项拖动到新建路径工具按钮处进行复制的作用完全一样。

◎ "删除路径"：用于删除一个已经存在但是已经不需要的路径层。其功能与"路径"面板中的删除路径工具按钮功能完全一样。

◎ "建立工作路径"：将把当前的选择区域转换成路径。此功能与面板中的相应工具按钮功能一致。调用此功能时，所需要的属性设置可以在弹出的建立工作路径对话框中进行。

◎ "建立选区"：将把当前的路径转换成选择区域，此功能与面板中的相应工具按钮功能一致。调用此功能时，所需要的属性设置可以在弹出的"建立选区"对话框中进行。

◎ "填充路径"：用于填充当前被选中的路径所包含的区域。如果未选择任何路径，则 Photoshop 将使用全部路径。此功能与面板中的相应工具按钮功能一致。调用此功能时，所需要的属性设置可以在弹出的用前景色填充路径对话框中进行。

◎ "描边路径"：用于描绘出当前路径的外轮廓，此功能与面板中的相应工具按钮功能一致。调用此功能时，所需要的属性设置可以在弹出的"描边路径"对话框中进行。

◎ "剪贴路径"：这是菜单中所独有的功能，剪贴路径用于将用户选定的某条路径作为此图像的剪贴路径，这样的一个图像文件便具有类似透明效果的特性，即位于剪贴路径以外的区域被透明。这一特性使得类似的图像在被导入 PageMaker 等排版软件中进行排版时，可具有抠除背景图像的特性，利用剪贴路径功能，可输出路径之内的图像。使用剪贴路径命令时，将出现"剪贴路径"对话框，如图 9-12 所示。"路径"下拉列表框用于指定所使用的路径来源于哪一个路径层。"展平度"文本框用于决定在多大的像素误差允许下进行剪贴路径的简化工作，这样可以防止剪贴路径过于复杂。设置

图 9-12　"剪贴路径"对话框

的展平度越大，曲线路径就越平滑。一般情况下，对 1200～2400 dpi 的图像而言，将展平度设置为 8～10；对于 300～600 dpi 的图像，将展平度设置为 1～3。

◎ "面板选项"：用于设置路径面板中是否显示路径层缩览图及调整其显示大小，以及是否打开设置对话框。

9.2　绘制路径

要得到精确的路径，快速、准确地绘制路径至关重要。而路径的正确、准确绘制又与路径工具的使用、路径绘制方式的选择和综合运用各种路径绘制技巧有关。

9.2.1　绘制路径工具

Photoshop 中提供了一组用于生成、编辑、设置路径的工具组，它们位于 Photoshop 中的"工具箱"面板中，默认情况下其按钮呈现为"钢笔工具"按钮，当把鼠标指针在此处停留片刻，系统将会弹出提示工具名称。在"钢笔工具"按钮上右击则显现出隐藏的工具组，从上到下的次序分别是钢笔工具、自由钢笔工具、添加锚点工具、删除锚点工具和转换点工具，如图 9-13 所示。

图 9-13　路径绘制工具组

按照其功能，可将它们分成三大类，分别介绍如下。

1. 锚点定义工具

锚点定义工具组包括钢笔工具和自由钢笔工具，主要用于路径的锚点定义及初步规划。钢笔工具是最常用的路径锚点定义工具，其使用方法如下。

(1) 选择钢笔工具，然后直接在图像中根据需要单击即可进行锚点定义，每单击一次即生成一个路径的锚点，依据单击顺序，每个锚点分别由一条贝塞尔曲线进行连接。

💡 **注意**：路径并不完全等同于选择区域，用户可以定义闭合路径，也可以定义未闭合路径；同时，路径也可以具有相交的特性。当鼠标指针位于起始锚点时，指针处钢笔符号的右下方将显示一个小"O"，表示可进行路径闭合；如果在锚点处拖动则同时亦调节曲线的曲率。

(2) 选择 🖊(钢笔工具)时，可在其选项栏中对该工具的各项属性根据需要进行设置，如图 9-14 所示。

图 9-14 钢笔工具的工具选项栏

在钢笔工具的选项栏中单击 ⚙(设置)按钮可进行"钢笔选项"设置。在该设置中只有一项可供选择，即"橡皮带"选项，如图 9-15 所示，如果选中了该项，则在定义下一个锚点的过程中，屏幕上将会显示辅助的橡皮带，用于帮助定位和调节曲线的曲率。

图 9-15 "橡皮带"选项

选择 🖊(自由钢笔工具)时，可在其选项栏(见图 9-16)中对该工具的各项属性根据需要进行设置。自由钢笔工具的选项栏与钢笔工具的选项栏的区别主要在设置里。

其中各项参数的含义如下。

图 9-16 自由钢笔工具的工具选项栏

◎ "曲线拟合"：决定在沿物体外边界描绘出路径时所允许的最大误差。此选项的设置单位为像素。此值越小，所生成的路径也越接近物体真实的外轮廓。但是对于一些低分辨率图像，由于图像边界数据不足，即强度不够产生足够的吸引力，将导致得到的真实外轮廓具有明显的阶梯效果，路径将显得很不平滑。对于这类图像，为了得到尽量平滑的外边界路径，需要通过这一设置项允许误差范围，这样最后得到的外轮廓路径虽然和原始图像的外边界不完全适配，但是却得到了非常平滑的路径轮廓。合理利用此设置项，可以在一定程度上得到平滑的路径选择，可以利用这一特性，对一些低精度的图像进行平滑处理，得到自动平滑后的图像主体轮廓。

◎ "磁性的"：用于对自由钢笔工具的宽度、对比、频率和光笔压力进行设置。其中，"宽度"定义用于参照用的目标区域(正圆形)的直径；"频率"决定在使用磁性钢笔工具沿物体边界拖动的过程中所产生的锚点的密度；"对比"值决定当对比度达到多少时，可产生磁性吸引效果，此值越小，越容易在对比度较低的区域产生吸引现象，可以抠出精细的边界轮廓。

◎ "钢笔压力"：只对于使用电子手写板的用户有效。当此选项有效时，表明可以通过电子手写板所传递的用户笔触压力的大小来即时改变磁性套索的宽度大小。

💡 **注意：** 当按住 Shift 键时，将强制创建出的锚点与原先最后一个锚点的连线保持以 45° 角的整数倍数角；当按住 Alt 键时，则原先的钢笔工具将变换成转换点工具；当按住 Ctrl 键时，原先的钢笔工具将变换成直接选择工具。在这些组合键的配合下，用户调节路径将变得非常容易，不必麻烦地进行工具的切换，可以极大地提高工作效率。另外的一个特别功能便是在选项栏中选中"自动添加/删除"，则在定义锚点和调整路径的过程中，当将鼠标指针移至已经定义过的锚点(非起始点)上时，钢笔工具将变换成删除锚点工具，此时即可删除当前锚点；如果指针移动至连接两锚点的直线段之中时，钢笔工具将变换成添加锚点工具，使得增删锚点的工作变得非常简单。

2．锚点增删工具

锚点增删工具组包括添加锚点工具和删除锚点工具，它们用于根据实际需要增删路径的锚点。选用任何用于创建路径的工具，当鼠标指针移至路径轨迹处时，指针自动变成添加锚点工具；当鼠标指针移至路径的锚点位置处时，指针自动变成删除锚点工具。

3．锚点调整工具

锚点调整工具是指转换点工具。转换点工具用于平滑点与拐点相互转换和调节某段路径的控制手柄，即调节当前路径曲线的曲率。

选择转换点工具，在路径上的某一点(或为平滑点或为拐点)单击。如果转换的这个点是曲线的平滑点，单击后相连的两条曲线变为直线，然后拖动，可拖出两条控制手柄，平滑点变为拐点；如果转换的这个点是拐点，单击后变为曲线的平滑点，即可进行平滑点两侧的曲率的调整。

9.2.2　路径的创建与绘制

钢笔工具是创建路径的基本工具，使用该工具可以创建直线路径和曲线路径。在创建路径之前先介绍一下钢笔工具在创建路径过程中的几种状态。

◎ ✎*：钢笔符号右下角有一个小"*"号，单击将确定路径起点。

◎ ✎∕：将钢笔工具移至当前所绘制路径的终点时，钢笔形状为此符号。这里有两种情况：如果当前锚点为直线锚点，此时单击并拖动可将该锚点转换为曲线锚点，并为其创建控制手柄，从而影响后面所绘制路径的形状；如果当前锚点为曲线锚点，则此时单击并拖动将同时影响上一路径段和后面所绘路径段的形状。

◎ ✎+：钢笔符号右下角有一个小"+"号，单击它可在路径上增加锚点，且钢笔形状将变为钢笔符号右下角有一个小"–"号的形状。

◎ ✎–：钢笔符号右下角有一个小"–"，表明选中已绘制路径的某个锚点。此时单击它将删除该锚点，同时会改变已绘制路径的形状。

◎ ✎。：在绘制路径过程中当钢笔工具移至路径的起点时，钢笔形状变为此符号，此时单击可封闭路径。

◎ ✎。：使用路径选择工具选择某路径后，如果希望延伸该路径，可将钢笔工具移至该路径的起点或终点位置，钢笔将呈现此形状，此时单击即可继续在该路径的基础上绘制后面的路径线段。

1．绘制直线路径

画直线是路径绘制中最简单的一种。首先选择工具箱中的钢笔工具，在图像上一个合适的位置单击，创建直线路径的起始点；移动到图像的另一目标位置，再单击，创建直线路径的第二个锚点，在两个点之间自动连接上一条直线线段，如图 9-17 所示。

图 9-17 直线路径

作为起点的锚点变成空心点，作为终点的锚点变为实心点，实心的锚点称为当前锚点。如果继续移动并在图像的其他位置单击，这时连接当前锚点又出现一条直线线段，两条直线线段就连成了一条折线。如此反复，最后单击所生成的锚点总是成为当前锚点，锚点之间总是以直线线段相连。

要结束开放路径，可单击工具栏上的钢笔工具或按 Ctrl 键(此时鼠标指针变成 ↖)，然后单击路径以外的任何位置即可；如结束闭合路径，只需将鼠标指针移到起始锚点上(鼠标指针右下角会出现一个小圆圈)，然后单击，即可结束闭合路径，最终得到含有多个锚点且锚点之间以直线线段相连的折线路径。

用同样的方法，依次创建多个节点。最终将鼠标指针移到起始处，关闭路径，请将钢笔指针定位在第一个锚点上。如果放置的位置正确，笔尖旁将出现一个小圈。这时单击可关闭路径，"小猫"的身体轮廓就创建完成了，如图 9-18 所示。

图 9-18 多节点路径

2．绘制曲线路径

利用钢笔工具同样可以绘制出曲线路径，曲线路径可以是单峰型或 S 形，由曲线两端点的方向线之间的夹角来决定。

具体绘制方法是选择工具箱中的钢笔工具，在图像上一个合适的位置处单击，创建第一个点，这时不要释放鼠标，向要使平滑曲线隆起的方向拖动，便可出现以起点为中心的一对控制手柄，如图 9-19 所示。

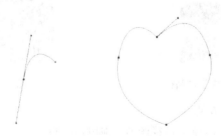

图 9-19 曲线路径

💡 **注意**：此图绘制的是一个开放的路径和封闭的路径。若绘制的是一个封闭式的路径时，当锚点的终点和起点重合时，在鼠标指针的右下方会出现一个小圆圈，表示终点已经连接到起点，此时单击可以完成一个封闭的路径制作。

如果要使曲线向上拱起，从下向上拖动控制手柄；如果要使曲线向下凹进，则从上向下拖动控制手柄(两控制手柄的长度与夹角决定曲线的形状，以后还可以再做调整)。绘出第一条控制手柄后，释放鼠标，在图像的另一目标位置处单击，创建第二个锚点，不释放鼠标，此时若向与起始点方向线的反方向拖动，释放鼠标就形成一条单峰型曲线线段；若向与起始点方向线相同的方向拖动，释放鼠标就形成一条 S 形曲线线段。

继续拖动当前锚点的控制手柄，仍可以调节与当前锚点相切的曲线的形状。

3．绘制任意路径

用自由钢笔工具可以画出任意形状的路径，这完全由用户自由控制。单击工具箱中的钢笔工具组，选择其中的自由钢笔工具，选择选项栏中的"磁性的"，再移动鼠标指针至图中人物的边缘处单击，制作出路径的开始点，沿着图像边缘移动鼠标指针，当出现明显锯齿时，减慢鼠标拖动的速度，如图 9-20 所示。重复上述第二步，当绘制好全部锚点后，单击选择钢笔工具组，然后单击路径外的任意位置，绘制就完成了。

图 9-20　自由钢笔工具

4．根据选择范围创建路径

选区只能转换成工作路径，需要时可以对创建的工作路径做进一步的处理。

当图像上有选区存在时，选择"路径"面板菜单中的"建立工作路径"命令，弹出"建立工作路径"对话框，设置好"容差"后单击"确定"按钮即可，如图 9-21 所示。另外，单击"路径"面板下方的"从选区生成工作路径"按钮，可快速地将选区转换为路径。

5．使用形状工具创建路径

使用形状工具创建路径的方法是选择形状工具，如图 9-22 所示。在其选项栏中选择 **路径**，然后在图像上单击并拖动即可绘制出所需路径。

图 9-21　根据选区生成工作路径

图 9-22　形状工具

例 9.1　绘制规则的五角星。

下面举例来具体说明如何使用路径绘制规则的五角星。

绘制规则的五角星

具体操作步骤如下。

(1) 执行"文件"|"新建"菜单命令，建立一个宽为800像素、高为800像素，白色背景的文件，如图9-23所示。

(2) 按Ctrl+R组合键，调出标尺，执行"视图"|"新建参考线"菜单命令，分别按标尺刻度设置垂直、水平参考线在背景的中心。

(3) 使用多边形工具，设置前景色只要不是白色就可以，以十字对准参考线中心拉出五角星图形，如图9-24所示。

图9-23 打开素材文件

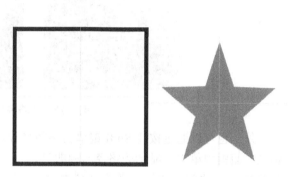

图9-24 绘制五角星

(4) 使用钢笔工具绘制五角星的任意一个角的右侧部分，双击"路径"面板中的路径存储路径，单击"确定"按钮，如图9-25所示。将路径转换为选区，填充红色，如图9-26所示。

(5) 复制前面所创建的图层，按Ctrl+T组合键进入自由变换，旋转并调整其位置，如图9-27所示。

图9-25 生成路径

图9-26 填充颜色

图9-27 复制图层并旋转位置

9.3 编辑路径

编辑路径主要是对路径的形状和位置进行调整和编辑，以及对路径进行移动、删除、关闭、隐藏等操作。通过本项目的实训与练习使学生掌握路径编辑工具的使用，能够使用路径编辑工具编辑创建较复杂的路径。

9.3.1　打开/关闭路径

路径绘制完成后，该路径始终出现在图像中。在对图像进行编辑时，显示的路径会带来诸多不便，此时就需要关闭路径。

要关闭路径，首先在"路径"面板选项中选中要关闭的路径名称，然后在"路径"面板中没有路径名称以外的任意地方单击，即可以关闭路径。图 9-28 是关闭路径后的图像。

图 9-28　"路径"面板

另外，也可以通过按住 Shift 键单击路径名称快速关闭当前路径。要打开路径，只需在"路径"面板中单击要显示的路径名称即可。

路径可以关闭，也可以隐藏。选择"视图"|"显示"|"目标路径"菜单命令或按 Ctrl+Shift+H 组合键，可以隐藏路径。此时虽然在图像窗口中看不见路径的形状，但并不是将其删除了，在"路径"面板中该路径仍然处于打开状态。若要重新显示路径，则可以再次选择"视图"|"显示"|"目标路径"菜单命令或按 Ctrl+Shift+H 组合键。

9.3.2　改变路径形状

在编辑路径之前要先选中路径或锚点。选择路径可以使用以下方法。

(1) 使用路径选择工具选择路径，只需移动鼠标指针在路径之内的任何区域单击即可，此时将选择整个路径，被选中的路径以实心点的方式显示各个锚点，如图 9-29 所示。拖动鼠标可移动整个路径。

(2) 使用直接选择工具选择路径，必须移动鼠标指针在路径线上单击，才可选中路径。被选中的路径以空心点的方式显示各个锚点，如图 9-30 所示。在选中某个锚点后，可拖动鼠标移动该锚点。

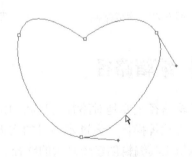

图 9-29　路径选择工具　　　　　　　　　图 9-30　直接选择工具

(3) 直接选中路径选择工具，移动鼠标指针在图像窗口中拖出一个选择框，如图 9-31 所示，然后释放鼠标，这样要选取的路径就会被选中，如图 9-32 所示。

图 9-31　拖动鼠标框选路径　　　　　　　图 9-32　选中后的路径

如果要调整路径中的某一锚点，可以按如下方法进行。

(1) 使用直接选择工具单击路径线上的任一位置，选中当前路径。

(2) 将鼠标指针移至需要移动的锚点上单击，该锚点被选中之后会变成实心点。

(3) 拖动鼠标，即可改变路径形状。

💡 **注意：** 如果路径中的锚点太少以至不足以很好地完成路径调整，可以增加锚点；反之，如果锚点太多，可以删除锚点。增删锚点时，可以利用钢笔工具的"自动添加/删除"属性来完成，也可利用添加锚点工具和删除锚点工具来完成。使用转换点工具可以在平滑点和拐点之间进行转换，使用方法是将转换点工具放在要转换的锚点上单击即可完成转换。

9.3.3　存储路径

在"路径"面板上还没有选择任何路径的情况下，使用钢笔工具在图像上绘制路径，在"路径"面板上会自动创建"工作路径"，如果不保存"工作路径"，再次在没有选择任何路径的情况下，使用钢笔工具在图像上绘制路径，那么原"工作路径"的内容将丢失，如果在以后的图像编辑过程中要使用原路径，就需要把它先保存起来。

在"路径"面板上选择"工作路径"，单击"路径"面板右上角的 ▾≡(菜单)按钮，在弹出的面板菜单中选择"存储路径"命令，打开"存储路径"对话框，如图 9-33 所示。

图 9-33　"存储路径"对话框

在"名称"文本框中可以直接给要存储的路径命名，否则系统按照"路径 1""路径 2"等默认名称给存储的路径命名。

9.3.4　复制路径

在绘制路径后，若需要多个这样的路径，可以对路径进行复制。复制的方法主要包括以下两种。

1．在同一个 Photoshop 文件中复制路径

有 3 种方法：在"路径"面板中选择要复制的路径，然后拖动至"路径"面板下方的"创建新路径"按钮上；选择需要复制的路径层后右击并在弹出的快捷菜单中选择"复制路径"命令；使用"路径"面板菜单中的"复制路径"命令，打开如图 9-34 所示的对话框。

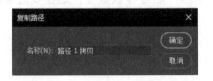

图 9-34　"复制路径"对话框

其中的"名称"文本框用来定义复制的目标路径层的名称。

若不输入自定义的路径层名称，则系统按照"路径 1 拷贝""路径 1 拷贝 2"等默认名称为复制的目标路径层命名。

2．在两个 Photoshop 文件之间复制路径

同样有 3 种方法：打开两幅图像，使用直接选择工具在要复制的源图像中选择路径，将源图像中的路径拖动到目的图像中；或将路径从源图像的"路径"面板中拖动到目的图像；或者在源图像中执行"编辑"|"拷贝"菜单命令，然后在目的图像中再执行"编辑"|"粘贴"菜单命令，则路径被复制到"路径"面板中的现用路径上。

9.3.5　变换路径

当需要对路径进行整体的变换时，可以利用路径选择工具，或执行"编辑"|"变换路径"菜单命令。

利用路径选择工具对路径进行变换时，在其选项栏(见图 9-35)中可选择"显示定界框"。

图 9-35　路径选择工具的工具选项栏

然后在图像上选择需要变换的路径，即整体移动被选中路径或利用被选择路径周围的控制手柄对路径进行各种变换；当鼠标指针移到路径区域之外，指针形状变为↙时还可以对整条路径进行旋转变换。

在变换过程中，选项栏发生变化(见图 9-36)，这时也可在选项栏中直接输入数值进行相应的变换，变换完成后按 Enter 键确认操作。

图 9-36　变化后的路径选择工具选项栏

执行"编辑"|"变换"菜单命令对路径进行变换时，首先应利用路径选择工具或直接选择工具选择整条路径，执行"编辑"|"自由变换路径"菜单命令，对所选路径进行自由变换或执行"编辑"|"变换路径"菜单命令，然后利用其子菜单对所选路径进行各种变换。

9.3.6　删除路径

要删除当前路径层，首先应选择它，然后将当前路径层拖动至"路径"面板下方的"删

除当前路径"按钮上即可删除当前路径层；或者在选中当前路径层后右击并在弹出的快捷菜单中选择"删除路径"命令；或利用"路径"面板菜单中的"删除路径"命令，也可删除当前路径层。

如果保留当前路径层而仅仅是清除当前路径层中的所有路径时，应先选择当前路径层，然后执行"编辑"|"清除"菜单命令。

9.3.7　建立剪贴路径

在 Photoshop 中白色部分的像素值为 255，如果置入其他软件中，白色部分可能会覆盖掉一些重要的信息，所以要用到"剪贴路径"的概念，即"剪贴路径"命令用于指定一个路径作为剪贴路径。利用剪贴路径功能，可输出路径之内的图像，而路径之外的区域则为透明区域。

剪贴路径的用法为：将路径存储以后，选择一个路径层，单击"路径"面板右上角的■按钮，在弹出的菜单中选择"剪贴路径"命令，出现如图 9-37 所示的对话框。

图 9-37　"剪贴路径"对话框

在此对话框中，可以选择输出的路径和设置路径平滑度。

如果有多个路径层，在"路径"下拉列表框中可以选择要剪贴的路径名称(一个文件可有若干个路径，但一次只能有一个剪贴路径)，使其成为要剪贴的路径层。

"展平度"用来定义曲线由多少个直线片段组成，也就是"剪贴路径"的复杂程度。展平度数值越小，表明组成曲线的直线片段越多，曲线越平滑。展平度数值可从 0.2～100。一般情况下，对 1200～2400 dpi 的图像而言，将展平度设置为 8～10；对于 300～600 dpi 的图像，将展平度设置为 1～3 即可。如果对设定展平度没有把握，可以让此文本框空着，输出时图像会使用打印机内定的设置。

9.4　形状工具的基本功能和绘制形状

Photoshop 中的形状工具不仅能绘制常用的几何形状，还可以利用它们直接创建路径，而且用它们创建出的路径都可以用路径的所有方法来进行修改和编辑。

9.4.1　形状工具的分类

选择工具箱中的形状工具，按住鼠标不放或右击就可显示不同种类的形状工具，从上到下分别是矩形工具、圆角矩形工具、椭圆工具、多边形工具、直线工具和自定形状工具，如图 9-38 所示。

图 9-38　形状工具

单击所需形状，将鼠标指针移动到工作区拖动，就会创建出以相应形状为基础的形状。形状的外轮廓即是形状工具所创建的路径。

当选择好一种形状工具后，工具的选项栏会显示该工具的各种属性及选项，如图 9-39

所示。

图 9-39　形状工具的工具选项栏

在此工具选项栏中提供了众多的选项和按钮，它们的作用分别如下。

1. "创建形状图层" 形状

在使用形状工具绘制形状时，选择 形状 (创建形状图层)选项可以建立一条路径，并且还可以建立一个形状图层，而且在形状内将自动填充前景色，如图 9-40 所示。

图 9-40　创建形状图层

2. "创建工作路径" 路径

在使用形状工具绘制形状时，选择 路径 (创建工作路径)选项会在"路径"面板上产生一条路径，但不会自动建立一个新的形状图层，如图 9-41 所示。

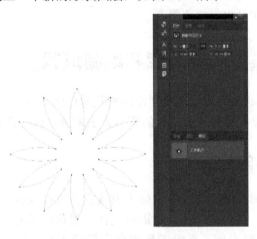

图 9-41　创建工作路径

3. "填充像素" 像素

在使用形状工具绘制形状时，选择 像素 (填充像素)选项会在图像窗口中产生一个以当前前景色填充的新图形，但不会自动创建一个新的形状图层，也不会在"路径"面板上产生新的路径层，如图 9-42 所示。

图 9-42　填充像素

在选项栏中的各形状按钮的后面有一个倒三角，选择不同的形状工具创建不同的形状时，单击倒三角所弹出的下拉列表中的内容不同。

9.4.2　绘制各种形状

选择形状工具之后，即可开始绘制各种形状。Photoshop 中提供了一些常用的形状，包括矩形、圆角矩形、椭圆、多边形、直线等。

1．矩形工具

选择矩形工具，弹出其工具选项栏，如图 9-43 所示。

在"矩形选项"面板中，有 4 个单选按钮和 2 个复选框可以进行设置。

图 9-43　矩形工具的工具选项栏

(1) "不受约束"：选择该单选按钮，可以在图像区域内绘制任意尺寸的矩形。在该状态下要绘制正方形，需要结合 Shift 键。

(2) "定义的比例"：选择该单选按钮，可以按照右侧宽度和高度栏中输入的比例大小来设定所绘制矩形的宽、高之比。

(3) "定义的大小"：选择该单选按钮，在设定完矩形的尺寸后，就只能画出该尺寸的矩形。

(4) "固定大小"：选择该单选按钮，可以在右侧的宽度和高度栏中输入具体的数值来设定所绘矩形的宽、高值(默认情况下宽、高值的单位为厘米，也可更改为像素)。

(5) "从中心"：选中此复选框，表示在图像中绘制矩形时的起始点是作为所绘矩形的中心而不再是所绘矩形的左上角。

(6) "对齐边缘"：选中此复选框，可将矩形的边缘自动对齐像素边界。

2．圆角矩形工具

选择圆角矩形工具，在选项栏中的设置和直角矩形属性设置基本一样，只是多了一个设置圆角矩形的圆角程度的"半径"文本框，在其中输入的半径数值越大，绘制的圆角矩形的圆角程度就越大。

3. 椭圆工具

选择椭圆工具，在选项栏中的设置和直角矩形基本一样。在"椭圆选项"面板中的设置不再限定所绘制的为正方形而是限定为正圆形。

4. 多边形工具

选择多边形工具，在选项栏中可以设置多边形的边数。在"多边形选项"面板中包括各参数，如图 9-44 所示。

(1) "半径"：在此文本框中输入数值，设置多边形外接圆的半径。设置后使用多边形工具在图像中拖动就可以绘制固定尺寸的多边形。

(2) "平滑拐角"：选中该复选框，将多边形的夹角平滑。

(3) "星形"：选中该复选框，可绘制星形，并且其下的各个参数的设置也可启用。

图 9-44　多边形选项

(4) "平滑缩进"：选中该复选框，绘制的星形的内凹部分以曲线的形式表现。

5. 直线工具

选择直线工具，弹出其工具选项栏，如图 9-45 所示。

图 9-45　直线工具的工具选项栏

在"箭头"选项面板中，主要设置直线路径起点和终点的箭头属性。

(1) "起点"和"终点"：选中这两个复选框，表示绘制的直线的起点和终点是带有箭头的。

(2) "宽度"：此文本框用来设置箭头的宽度，使用线条的粗细作为比较。如 500%表示箭头的宽度为线条粗细的 5 倍。

(3) "长度"：此文本框用来设置箭头的长度，同样使用线条的粗细作为比较。

(4) "凹度"：此文本框用来设置箭头的凹度，使用箭头的长度作为比较，数值范围为-50%～50%。

9.4.3　利用自定形状工具绘制形状

前面所介绍的几种工具都是绘制一些简单形状的工具，但是在设计中常常会遇到需要绘制一些特殊形状的情况。在 Photoshop 中同样提供了自定形状工具，此时选项栏显示如图 9-46 所示。

在选项栏中的"形状"弹出式菜单中可以选择系统提供的各种形状，如对该形状不满意，可以使用路径调整工具对其进行调整。

图 9-46 自定形状工具选项栏

如果对系统显示的几种形状不满意，还可以单击显示框右上方的 ![设置] (设置)按钮，在弹出的菜单(见图 9-47)中选择"载入形状"命令。

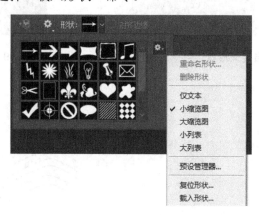

图 9-47 弹出设置菜单

打开"载入"对话框，在其中选择需要的形状，单击"载入"按钮后，将会弹出"载入"对话框，单击"确定"按钮，表示用默认的形状代替当前的形状；单击"追加"按钮，表示将默认的形状添加到当前形状中。

在 Photoshop 中，还可以将自己绘制的形状保存在系统中，具体方法如下。

(1) 制作出需要保存的形状或路径，并配合路径调整工具调整其至合适的程度。

(2) 用路径选择工具选中所绘制路径，在图像上右击并在弹出的快捷菜单中选择"定义自定形状"命令，或者执行"编辑"|"定义自定形状"菜单命令，弹出"形状名称"对话框，在其中输入保存路径的名称，如图 9-48 所示。

(3) 在自定义形状弹出式菜单中，就添加了刚才保存的形状。如果对自定义形状的名称或形状不满意，可以在显示栏中选择该形状，然后在形状按钮上右击并在弹出的快捷菜单中选择"重命名形状"或"删除形状"命令。

例 9.2 制作五线谱。

下面举例来具体说明如何使用形状工具绘制五线谱图案。

具体操作步骤如下。

制作五线谱

(1) 执行"文件"|"新建"菜单命令，新建一个文件，如图 9-49 所示。

(2) 设置渐变背景，在选项栏中设置渐变的颜色，两端颜色随意，在文件中拖动鼠标指针产生渐变的效果，如图 9-50 所示。

(3) 新建图层，使用自由钢笔工具，在图层中绘制 5 条波浪线，如图 9-51 所示。

(4) 单击自定形状工具，在选项栏中选择音符形状，如图 9-52 所示。

(5) 新建图层，在新建图层上绘制多个音符图案，最终效果如图 9-53 所示。

图 9-48　自定义形状

图 9-49　新建文件

图 9-50　填充渐变颜色

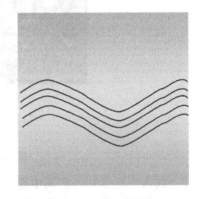

图 9-51　绘制波浪线

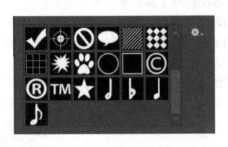

图 9-52　选择形状

图 9-53　绘制音符

本 章 小 结

本章详细介绍了路径的基本概念、路径工具的一些基本使用方法和技巧，以及路径在图像处理中的实际应用及路径在图像特效制作中的技巧。所含知识点包括路径的概念、路径面板、路径的创建、路径的编辑、形状的应用、形状的自定义。

课后习题

一、选择题

1. 下面所列的工具中，( )不属于钢笔工具组。

    A. 钢笔工具   B. 自由钢笔工具

    C. 路径选择工具   D. 添加锚点工具

2. 在"路径"面板中不可以进行哪项操作？( )

    A. 删除路径   B. 路径转换为选区

    C. 用画笔描边路径   D. 修改路径

3. 在使用形状工具绘制形状时，选择 路径 创建形状图层可以建立一条路径并且还可以建立一个( )，而且在形状内将自动填充前景色。

    A. 普通图层   B. 形状图层

    C. 填充图层   D. 文字图层

4. 如果保留当前路径层而仅仅是清除当前路径层中的所有路径时，应先选择当前路径层，然后执行"编辑"菜单中的( )命令。

    A. 清除   B. 剪切

    C. 拷贝   D. 贴入

5. 执行"编辑"菜单中的( )命令，弹出"形状名称"对话框。

    A. 定义画笔预设   B. 定义图案

    C. 填充   D. 定义自定形状

二、填空题

1. _____工具主要用于将图像的一部分绘制到同一图像的另一部分或绘制到具有相同颜色模式的任何打开的文档的另一部分。

2. 创建路径后，对路径进行编辑就要用到路径选择工具。路径选择工具包括_____和_____。

3. 选择_____｜_____命令，可打开_____面板。在创建了路径以后，该面板才会显示路径的相关信息。

4. 锚点增删工具组包括_____工具和_____工具，它们用于根据实际需要增删路径的锚点。

5. _____工具用于平滑点与拐点相互转换和调节某段路径的控制手柄，即调节当前路径曲线的_____。

6. 选择工具箱中的形状工具，按住鼠标不放或右击就可显示不同种类的形状工具，从上到下分别是_____工具、_____工具、_____工具、_____工具、_____工具和_____工具。

7. 选择形状工具之后，即可开始绘制各种形状。Photoshop 中提供了一些常用的形状，包括_____、_____、_____、_____、_____等。

三、上机操作题

1. 制作香烟的外包装。

使用路径工具绘制出香烟包装的外轮廓，填充路径，添加图形及文字即可，效果如图 9-54 所示。

图 9-54　制作香烟包装的效果

2. 制作公司网页。

使用路径工具来划分网页的布局，并通过路径添加小按钮，最后添加文字即可，效果如图 9-55 所示。

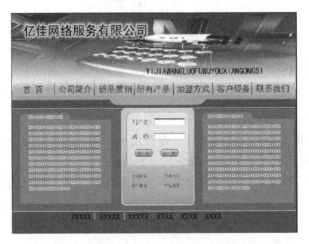

图 9-55　制作公司网页的效果

3. 制作具有水晶效果的心形图案。

使用路径工具绘制轮廓后用渐变工具进行填充，效果如图 9-56 所示。

图 9-56　制作心形图案

第 10 章

文字的处理

　　文字处理是 Photoshop 的一个重要功能，本章将主要介绍如何使用 Photoshop CC 2017 文字工具进行文字的处理。

10.1 文字工具

Photoshop 除了可以对图像进行绘制和编辑外，还具有强大的文字处理功能。用户可以在图像中创建各种横排或直排文字，并可以设置文字的字体、大小、颜色以及段落等属性；利用 Photoshop 的路径工具和变形工具可将文字制作出多种形状效果；结合滤镜和图层样式等工具可制作出诸如火焰、浮雕以及金属等效果的文字。

Photoshop 中的文字由像素组成，并且与图像文件具有相同的分辨率，所以文字的清晰度与图像的分辨率有很大的关系，且文字会有锯齿现象；同时，为了便于编辑文字，Photoshop 和 ImageReady 保留基于矢量的文字轮廓。因此，在对文字进行缩放、扭曲等操作后仍能够对文字内容进行编辑。

文字的编辑是通过工具栏中的文字工具来实现的。单击工具箱中的 T 按钮，选择一种文字工具；如果按住鼠标不放，会弹出文字工具选择菜单，如图 10-1 所示。Photoshop CS 共有 4 种文字输入工具。

(1) "横排文字工具"：在图像中输入标准的、从左到右排列的文字。

(2) "直排文字工具"：在图像中输入从右到左的竖直排列的文字。

图 10-1　文字工具组

(3) "直排文字蒙版工具"：在图像中建立直排文字选区。

(4) "横排文字蒙版工具"：在图像中建立横排文字选区。

在工具箱中单击 T 按钮，选择横排文字工具，此时选项栏中显示出相应的文字工具选项，如图 10-2 所示。

图 10-2　横排文字工具的选项栏

文字工具选项栏中各选项作用如下。

(1) ⍉(更改文本方向)：单击该按钮可更改文本方向。只能在文字编辑时使用，编辑之前可直接在工具箱中选择横排或直排工具来确定文字的方向。

(2) ▮Adobe 黑体 Std▮(设置字体系列)：在该下拉列表框中选择文本的字体，可以分别对文字图层中的全部或个别文本设置不同的字体。

(3) ▮Regular▮(设置字型)：在该下拉列表框中选择文本的字型，如粗体、斜体等。

💡 注意：Photoshop 中字体和字型的设置同其他文字处理软件一样，大部分英文字体对中文不起作用；除系统自带的个别字体可设置字型外，大部分中文字体无法设置字型。但可以在"字符"和"段落"面板中设置"仿粗体"和"仿斜体"，如图 10-3 所示，单击 T 按钮可设置仿粗体，单击 T 按钮可设置仿斜体。

(4) ▮T 12点▮(设置字体大小)：在该下拉列表框中选

图 10-3　"字符"和"段落"面板

择文本的大小。

💡 **注意**：虽然 Photoshop 只有 6~72 点的字体大小可选，但我们可以通过直接在列表框中输入数值来设置 6~72 点以外的字体大小。

(5) ▭ 锐利 ▭(设置消除锯齿方法)：在该下拉列表框中可设置消除文本锯齿的方法，如锐利、犀利、浑厚及平滑等。消除锯齿可以通过部分填充边缘像素来产生边缘平滑的文字，这样文字边缘就会混合到背景中。

(6) ▭(文本对齐方式)：用于设置文本对齐方式，包括左对齐、居中对齐以及右对齐等。

(7) ▭(设置文本颜色)：作用同工具箱中的"设置前/背景色"一样，单击该按钮将弹出"拾色器"对话框，用于选取文本颜色。

(8) ▭(创建变形文本)：单击该按钮，弹出"变形文字"对话框，可以将文本设置成各种变形效果。

(9) ▭(切换字符和段落面板)：单击该按钮，将弹出"字符"和"段落"设置面板，该面板中有字符和段落两个选项卡，对文字可以做的设置在这里都能够找到。

除了文字的大小、颜色等设置外，还可对文字的间距、行距、拉伸、升降、仿粗体、仿斜体、上下标以及段落缩进等进行设置。

可以在图像中的任何位置创建横排或直排的文字。根据使用文字工具的不同方法，可以输入点文字或段落文字。点文字适合于输入一个字或一行字符，段落文字则适用于输入一个或多个段落的文字。创建文字后，会在"图层"面板中自动添加一个新的文字图层，该图层以字母 T 为标志。

💡 **注意**：在 Photoshop 中，因为"多通道""位图"以及"索引颜色"等模式不支持图层，所以不会为这些模式中的图像创建文字图层。在这些图像模式中，文字会直接显示在背景上。

10.2 文字编辑

Photoshop CC 2017 中的文字有"点文字"和"段落文字"两种。下面分别介绍这两种文字的输入方法。

10.2.1 输入点文字

要在 Photoshop 图像文件中输入"点文字"，可执行如下步骤。

(1) 在工具箱中选择横排文字工具或直排文字工具，此时鼠标指针形状呈 I 型，在选项栏中设置好文字的字体、字型、大小、颜色等，如图 10-4 所示。

(2) 在图像窗口中选择好文字的插入点，单击后即可开始输入文字。如果要输入中文，可调出中文输入法进行中文的输入，输入的文字如图 10-5 所示。

(3) 在点文字的输入过程中，文字不会自动换行，必须通过按 Enter 键进行手动换行；如果要改变文本在图像窗口中的位置，按住 Ctrl 键的同时拖动文本即可。

图 10-4　在图像文件中输入文本　　　　　　　　　图 10-5　输入文本

(4) 文字输入完毕，可单击文字工具选项栏上的 ✓ 按钮；如要放弃已经输入的文本，可单击 ⊘ 按钮。

💡 **注意：** 完成和取消文本输入的按钮，即 ✓ 和 ⊘ 按钮，在文字的编辑过程中才会出现在文字工具选项栏上。另外，在文字输入的过程中，单击工具箱中的其他工具，或者单击图层面板中的其他图层，都可以完成文字的输入；按 Esc 键也可以放弃当前文本的输入。

(5) 文字输入完毕后，在"图层"面板中会自动创建一个文字图层，该图层以符号 T 显示，表示这是一个文字层，其内容为刚才输入的文字，如图 10-6 所示。文字图层和其他图层的属性一样，有关图层的相关操作，请参考本书第 8 章。

图 10-6　文字图层

10.2.2　输入段落文字

Photoshop CC 2017 除了可以输入点文字以外，还可以输入段落文字。段落文字同点文字的区别在于：段落文字在图像窗口中有一个定界框，且在输入的过程中，文字会基于定界框的尺寸换行；而点文字的输入较随意，且不会自动换行，只能手动按回车键换行。点文字和段落文字可以执行"文字"|"转换为点/段落文本"菜单命令来互相转换。

要在 Photoshop 中输入段落文字，具体操作步骤如下。

(1) 选择横排文字工具或直排文字工具，在选项栏中设置好相应的文字大小、颜色等，然后在图像窗口中拖出一个矩形文本框。

(2) 拖动文本框时注意，按住 Shift 键的同时可画出正方形的段落文本框。如要对文本框进行调整，如调整大小或旋转等，可通过在文本框的控制点上缩放或旋转实现，如图 10-7 所示，其操作同变换工具非常相似。

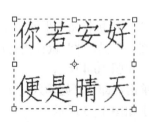

图 10-7　旋转段落文字

(3) 段落文本框设置好之后，就可以在该文本框中输入段落文字，具体的输入方法同点文字的输入方法一致。

💡 注意：可在画段落文本框的同时按住 Alt 键，这样会弹出"段落文字大小"对话框，如图 10-8 所示，在这里可以精确设置段落文本框的大小。

图 10-8　设置段落文字大小

10.2.3　创建文字选区

除了横排文字工具和直排文字工具以外，还有两种文字工具，即横排文字蒙版工具和直排文字蒙版工具。具体操作方法和横排文字工具或直排文字工具完全一样。实际上，使用▓(横排文字蒙版工具)按钮或▓(直排文字蒙版工具)按钮，只是在图像窗口创建一个文字形状的选区，如图 10-9 所示。文字选区出现在图层中，并可像任何其他选区一样被移动、复制、填充或描边。有关选区的操作，请参考本书第 3 章。

图 10-9　文字蒙版

💡 注意：大多数情况下，我们完全可以用横排文字工具或直排文字工具替代这两个蒙版工具。在具体操作时，先用横排或直排文字工具在图像窗口中输入文字，新建一个文字图层，然后用"按住 Ctrl 键的同时单击文字图层"的方法，同样可以创建具有文字轮廓的选区。

10.2.4　文字的编辑和修改

在文字的编辑过程中，通常会对文字图层的内容反复修改。修改文字图层中的内容，一般要掌握以下两点。

1．修改文字内容

在"图层"面板中选择要编辑的文字图层，双击上面的 T 型图标(注意：是双击 T 型图标，而不是右侧的图层名称)，此时 Photoshop 会自动切换为文字工具，而且会将图层中的文字全部选择并处于编辑状态。此时，就可以在图像窗口中编辑文字内容了，如图 10-10 所示。

2．格式段落设置

可以将整个文字图层的文字设置成一种格式，也可以将图层中部分文字设置成某种格式。设置时，先选择要进行格式设置的文字，单击"文字"工具选项栏中的█按钮，打开"字符和段落设置"面板，对所选文字进行格式或段落的设置。除了前面介绍的一些基本设置外，在该面板中还可以设置一些特殊的效果。如图 10-11 所示便是集中了一些常见格式和段落的效果。

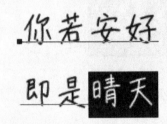

图 10-10　进入文本编辑状态　　　　　　图 10-11　段落格式设置效果

编辑完成之后，单击文字工具选项栏中的█按钮，完成文字的编辑。

💡 **注意：** 虽然 Photoshop CS 的文字处理功能已经比较完善，但由于 Photoshop 本身的图像处理软件性质以及对计算机硬件的要求，相比专业的文字处理软件，如 Word 和 WPS 等，无论是方便程度还是反应速度等方面都无法相比，特别是大篇幅的文字，经常不能一次编辑成功。所以，建议大家在编辑大篇幅的文本时，可先在其他的文字处理软件中输入文字，然后粘贴到 Photoshop 的文字图层中来，这样可省去很多麻烦。

10.3　文字效果

文字内容编辑完成之后，除了对其进行一些格式和段落的设置之外，一般还会给文字添加一些效果，以达到美化文字的目的。常见的文字效果有变形文字、路径文字以及利用图层样式制作的效果等。

10.3.1　变形文字

要设置文字变形效果，具体操作步骤如下。

(1) 在图层面板中选择编辑好的文字图层(也可以在文字的编辑过程中)，单击"文字"工具选项栏中的█(创建文字变形)按钮，打开"变形文字"对话框，如图 10-12 所示。

(2) 在"变形文字"对话框中，单击"样式"下拉列表框，选择一个样式；在"样式"选项中选择一个变形的方向，"水平"或是"垂直"；调节下面的"弯曲""水平扭曲"以及"垂直扭曲"的数值，以达到满意的效果。

图 10-12 "变形文字"对话框

(3) 单击"确定"按钮，完成变形效果的设置，图 10-13 集中展示了变形效果。

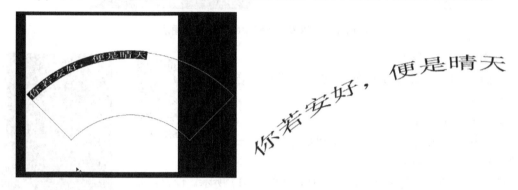

图 10-13 变形效果

10.3.2 路径文字

将文本放置在路径或形状上是 Photoshop CC 2017 的功能之一，可以沿着用钢笔工具或形状工具创建的工作路径输入文字。

要在路径上输入文字，具体操作步骤如下。

(1) 用钢笔工具或形状工具在图像区域绘制好路径；然后选择文字工具，将鼠标指针移至路径上方，此时鼠标指针会变成 形状，单击就可以开始文字的输入了。当沿着路径输入文字时，文字沿着锚点添加到路径的方向排列。如果输入横排文字，文字会与路径切线垂直；如果输入直排文字，文字方向与路径切线平行，如图 10-14 所示。

图 10-14 路径文字

(2) 文字输入完毕后单击文字选项栏上的 按钮，此时"图层"面板上会新增一个路径文字图层。与普通文字图层不同的是，该图层显示为"路径文字"，如图 10-15 所示。

(3) 图像区域中的路径文字上有一条路径，修改这条路径的形状或移动该路径，路径上的文字也会做出相应的更改。

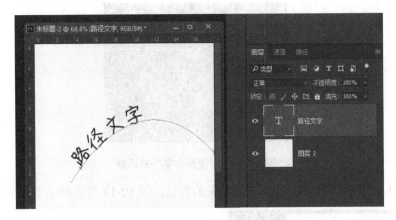

图 10-15 "图层"面板中的路径文字图层

例 10.1 制作路径文字。

下面举例来具体说明如何让文字按照我们自己的想法进行排列。

具体操作步骤如下。

(1) 执行"文件"|"新建"菜单命令,新建一个图像文件,如图 10-16 所示。

(2) 新建图层,选择自定形状工具,如图 10-17 所示。设置需要的图形,绘图类型为"形状图层",在画布上画出图案,如图 10-18 所示。

(3) 选择文字工具,将光标停留在图形的路径线条上,单击并输入文字,使其围绕图形排列成一圈,如图 10-19 所示。打开窗口菜单,选择"字符",调整数值,使文字排列得均匀一些。

制作路径文字

图 10-16 新建文件

图 10-17 自定形状工具

图 10-18 绘制自定义路径

图 10-19 输入文字

(4) 按住 Ctrl 键不放,单击路径,微调各个节点,使文字按照想要的形状排列,最终的效果如图 10-20 所示。

图 10-20　最终效果

10.3.3　文字图层样式

另外一种常用的文字效果就是使用"图层样式",制作出带有阴影、浮雕以及发光等效果的文字。现以发光效果文字为例,介绍怎样将文字应用于图层样式。

(1)　新建一个背景色为白色的文件。选择横排文字工具,在图层中输入"长安"二字,文字颜色为黑色,如图 10-21 所示。

图 10-21　输入文字

(2)　在"图层"面板中选中该文字图层,单击"图层"面板中的 fx 按钮,打开"图层样式"对话框,在左边发光的颜色为白色,其余参数设置如图 10-22 所示。文字出现雪花杂色效果,再对该文字图层进行投影设置,效果如图 10-23 所示。

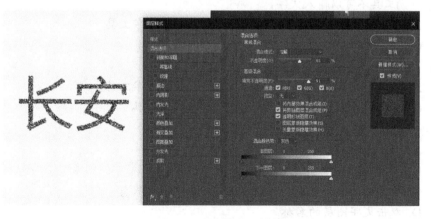

图 10-22　"图层样式"对话框

图 10-23　文字效果

(3) 置入素材图片作为背景,将文本图层置于所有图层的最上层,完成文字特效的制作,最终的效果如图 10-24 所示。

图 10-24　最终文字效果

本 章 小 结

本章详细介绍了文字处理以及平面设计中文字的添加。所含知识点包括在图像文件中输入、编辑文字(单个的和成段的文字),并且能够使用变形和路径等工具制作变形文字。

课 后 习 题

一、选择题

1. (　　)工具不可以输入文字。

　　A. 横排文字工具　　　　　　　　　B. 直排文字工具

　　C. 横排文字蒙版工具　　　　　　　D. 画笔工具

2. (　　)工具可以创建文字选区。

　　A. 横排文字蒙版工具　　　　　　　B. 横排文字工具

　　C. 直排文字工具　　　　　　　　　D. 选框工具

3. (　　)方法不可以编辑文字内容。

　　A. 双击上面的 T 型图标

　　B. 使用文字工具

　　C. 将鼠标指针移至文字部分单击进入文字编辑状态

　　D. 双击文字图层的名称

4. 段落设置要在(　　)面板中设置。

  A. "文字"　　　　　　　　　　B. "段落"

  C. "图层"　　　　　　　　　　D. "路径"

5. 将文本放置在路径或形状上是 Photoshop CS 的新增功能之一,可以沿着用(　　)创建的工作路径输入文字。

  A. 钢笔工具　　　　　　　　　B. 文字工具

  C. 文字蒙版工具　　　　　　　D. 画笔工具

二、填空题

1. 文字工具包括_____、_____、_____、_____。

2. Photoshop 中的文字由_____组成,并且与图像文件具有相同的分辨率,所以文字的清晰度与图像的_____有很大的关系,且文字会有锯齿现象。

3. 在 Photoshop CS 中输入的文字有_____和_____两种。

4. 文字输入完毕后,在"图层"面板中会自动创建一个_____,该图层以符号 T 显示。

5. 常见的文字效果有_____、_____以及利用_____制作的效果等。

三、上机操作题

1. 使用文字工具制作蛋糕坊宣传单。

使用选区创建不同颜色的背景色,在此背景的基础上输入文本内容,通过文字样式调整文字效果,如图 10-25 所示。

图 10-25　制作蛋糕坊宣传单的效果

2. 制作超市促销广告宣传单。

在背景的基础上,使用文字工具添加广告的宣传语,如图 10-26 所示。

图 10-26 制作超市促销广告宣传单的效果

3. 制作牙膏的外包装。

以白色作为主背景, 通过路径创建不规则形状的选区, 填充颜色作为背景, 在此基础上添加文字内容, 如图 10-27 所示。

图 10-27 制作牙膏外包装的效果

第 **11** 章

通道和蒙版的应用

通道和蒙版是 Photoshop 中的重要元素，通过它们可以制作出特殊的效果。

11.1 通道的应用

通道是 Photoshop 的一个重要功能，通道的主要作用是保存图像的颜色信息和存储蒙版。运用通道可以实现许多图像特效，能为图形图像工作人员带来创作技巧与思路。通过本项目的实训与练习使学生掌握通道的基本知识，了解通道的性质，并能初步运用通道制作文字特效。

11.1.1 通道的概念

在 Photoshop 中通道是非常独特的，它不像图层那样容易上手。通道是由分色印刷的印版概念演变而来的。例如，我们在生活中司空见惯的彩色印刷品，其实在其印刷的过程中仅仅使用了 4 种颜色。在印刷之前先通过计算机或电子分色机将一件艺术品分解成四色，并打印出分色胶片。一般地，一张真彩色图像的分色胶片是 4 张透明的灰度图，单独看每一张单色胶片时不会发现什么特别之处，但如果将这几张分色胶片分别以 C(青)、M(品红，也称洋红)、Y(黄)和 K(黑)4 种颜色并按一定的网屏角度叠印到一起时，我们会惊奇地发现，这原来是一张绚丽多姿的彩色照片。从印刷的角度来说，通道(Channel)实际上是一个单一色彩的平面，它是在色彩模式这一基础上衍生出的简化操作工具。譬如说，一幅 RGB 三原色图有 3 个默认通道——Red(红)、Green(绿)、Blue(蓝)；但如果是一幅 CMYK 图像，就有 4 个默认通道——Cyan(青)、Magenta(洋红)、Yellow(黄)、Black(黑)，如图 11-1 所示。

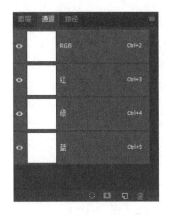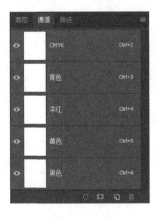

图 11-1　RGB 颜色模式和 CMYK 颜色模式的“通道”面板

11.1.2 通道的作用

在图片的通道中，记录了图像的大部分信息，这些信息始终与各种操作密切相关。通道的作用主要包括以下几项。

(1) 表示选择区域。通道中白色的部分表示被选择的区域，黑色部分表示没有选中。利用通道，一般可以建立精确的选区。

(2) 表示墨水强度。利用“信息”面板可以体会到这一点，不同的通道都可以用 256 级灰度来表示不同的亮度。在红色通道里的一个纯红色的点，在黑色通道上显示就是纯黑色，即亮度为 0。

(3) 表示不透明度。例如，建立红色的通道，设置 50 的透明度，在该通道上能看见半透明的红色。

(4) 表示颜色信息。例如，预览红色通道，无论鼠标怎样移动，"信息"面板上都仅有 R 值，其余的都为 0。

11.1.3　通道的分类

通道作为图像的组成部分，与图像的格式密不可分，图像颜色、格式的不同决定了通道的数量和模式，在"通道"面板中可以直观地看到。在 Photoshop 中涉及的通道介绍如下。

(1) 复合通道(Compound Channel)。复合通道不包含任何信息，实际上它只是同时预览并编辑所有颜色通道的一种快捷方式。它通常被用来在单独编辑完一个或多个颜色通道后使"通道"面板返回到它的默认状态。对于不同模式的图像，其通道的数量是不一样的。

在 Photoshop 中，通道涉及 3 个模式。对于一个 RGB 图像，有 RGB、R、G、B 4 个通道；对于一个 CMYK 图像，有 CMYK、C、M、Y、K 5 个通道；对于一个 Lab 模式的图像，有 Lab、L、A、B 4 个通道。

(2) 颜色通道(Color Channel)。在 Photoshop 中编辑图像时，实际上就是在编辑颜色通道；这些通道把图像分解成一个或多个色彩成分，图像的模式决定了颜色通道的数量。RGB 图像有 3 个颜色通道，CMYK 图像有 4 个颜色通道，Bitmap 色彩模式、灰度模式和索引色彩模式只有 1 个颜色通道，它们包含了所有将被打印或显示的颜色。

(3) 专色通道(Spot Channel)。专色通道是一种特殊的颜色通道，是指印刷上想要对印刷物加上一种专门颜色(如银色、金色等)。它可以使用除了青色、洋红(品红)、黄色、黑色以外的颜色来绘制图像。专色在输出时必须占用一个通道，.psd、.tif、.dcs 2.0 等文件格式可保留专色通道。

(4) Alpha 通道(Alpha Channel)。Alpha 通道是计算机图形学中的术语，是指特别的通道。有时，它特指透明信息，但通常的意思是"非彩色"通道。这是我们真正需要了解的通道，可以说我们在 Photoshop 中制作出的各种特殊效果都离不开 Alpha 通道。它最基本的用处在于保存选取范围，并不会影响图像的显示和印刷效果。

(5) 单色通道。这种通道的产生比较特别，也可以说是非正常的。如果在"通道"面板中随便删除其中一个通道，所有的通道都会变成"黑白"的，原有的彩色通道即使不删除也变成灰度的了。这就是单色通道。

11.1.4　Alpha 通道的编辑方法

对图像的编辑实质上是对通道的编辑。因为通道是真正记录图像信息的地方，无论色彩的改变、选区的增减、渐变的产生，都可以追溯到通道中去。常见的编辑方法如下。

(1) 利用选择工具。Photoshop 中的选择工具包括"遮罩工具""套索工具""魔术棒工具""字体遮罩"以及由路径转换来的选区等，其中包括不同羽化值的设置。利用这些工具在通道中进行编辑与对一个图像的操作是相同的。

(2) 利用绘图工具。绘图工具包括"喷枪""画笔""铅笔""图章""橡皮擦""渐变""油漆桶""模糊锐化""涂抹"和"加深减淡和海绵"。选择区域可以用绘图工具在通道中去创建、去修改，利用绘图工具编辑通道的一个优势在于可以精确地控制笔触，从而可以得到更为柔和以及足够复杂的边缘。

(3) 利用滤镜。在通道中进行滤镜操作，通常是在有不同灰度的情况下，而运用滤镜的原因，通常是因为我们刻意追求一种出乎意料的效果或者只是为了控制边缘。原则上讲，可以在通道中运用任何一个滤镜去试验，从而建立更适合的选区。各种情况比较复杂，需要根据目的的不同做相应处理。

(4) 利用调节工具。特别有用的调节工具包括"色阶"和"曲线"。在用这些工具调节图像时，会看到对话框上有一个通道选单，在这里可以调整所要编辑的颜色通道。按住 Shift 键，再单击另一个通道，可以强制这些工具同时作用于一个通道。

11.1.5 "通道"面板的使用方法

"通道"面板可以创建并管理通道以及监视编辑效果。"通道"面板列出了图像中的所有通道，首先是复合通道(对于 RGB、CMYK 和 Lab 图像)，然后是单个颜色通道、专色通道，最后是 Alpha 通道。通道内容的缩览图显示在通道名称的左侧；缩览图在编辑通道时自动更新。执行"窗口"|"通道"菜单命令，可以显示"通道"面板，如图 11-2 所示。

当新建或打开一个图像文件，在"通道"面板中会根据不同的色彩模式建立当前图像的所有通道。

(1) 各类通道在"通道"面板中的堆叠顺序为：①复合通道；②原色通道；③专色通道；④Alpha 通道。

(2) 单击"通道"面板中任意一个通道，就可以将该通道激活，此时被选择的通道颜色为蓝色。按住 Shift 键单击不同的通道，可以选择多个通道。

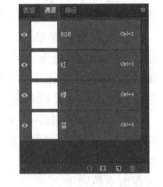

图 11-2 "通道"面板

(3) 单击"通道"面板中第一列中的 (眼睛)图标，显示该通道的信息，反之隐藏该通道。

💡 注意：当显示多个通道时，窗口中的图像为所有可见通道的综合效果。在编辑图像时，所有编辑操作将对当前选中的所有通道起作用(包括选中的 Alpha 通道)。

1. 通道名称

每一个通道都有不同的名称。在新建 Alpha 通道时，若不为新通道命名，系统自动依次命名为 Alpha 1、Alpha2、……；在新建专色通道时，若不为新通道命名，系统自动依次命名为专色 1、专色 2、……

💡 注意：在任何色彩模式(如 RGB 模式和 CMYK 模式)下，"通道"面板中的各原色通道和复合通道均不能更改名称。

2. 通道缩览图

在通道名称左侧，有一个缩览图，其中显示该通道中的内容。当对某个通道进行编辑修改时，该缩览图中的内容会随之改变。当对图层内容进行编辑修改时，各原色通道的缩览图也会随之改变。

3. 通道快捷键

在通道名称右侧的 Ctrl+～、Ctrl+1 等为通道快捷键。按下这些组合键可快速、准确地选中指定通道。

4. 功能按钮

(1) "将通道作为选区载入"按钮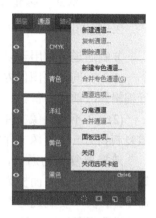：单击该按钮，可将当前选中的 Alpha 通道中的内容转换为选区载入图像窗口，或者将某一 Alpha 通道拖曳到该按钮上来安装选区。

💡 **注意**：按住 Ctrl 键单击 Alpha 通道，也可以将当前 Alpha 通道中的内容转换为选区载入图像窗口。

(2) "将选区存储为通道"按钮：单击该按钮，可将当前图像中的选区转换成一个蒙版保存到一个新增的 Alpha 通道中。该功能与执行"选择"|"保存选区"菜单命令的功能相同，只不过更加快捷。

(3) "创建新通道"按钮：单击该按钮，可快速新建一个 Alpha 通道。将某个通道拖曳到按钮上，可以复制该通道。

(4) "删除当前通道"按钮：单击该按钮，可删除被选择的通道。将某个通道拖曳到按钮上，也可以删除该通道。

5. "通道"面板菜单

单击"通道"面板右上角的按钮，弹出"通道"面板菜单。"通道"面板菜单包括所有用于通道操作的命令，如新建、复制和删除通道等，如图 11-3 所示。

图 11-3 "通道"面板菜单

💡 **注意**：在"通道"面板菜单中选择"面板选项"命令，可以打开"通道面板选项"对话框，从中可以设置通道缩览图的大小。

11.1.6 通道的基本操作

无论是颜色通道、Alpha 通道还是专色通道，所有信息都会在"通道"面板中显示，利用"通道"面板，可以创建新通道、复制通道、删除通道、合并通道和分离通道等。

1. 创建新通道

在"通道"面板菜单中选择"新建通道"命令，打开"新建通道"对话框，可创建新的 Alpha 通道。该命令与（创建新通道）按钮功能相同。若按住 Alt 键再单击（创建新通道）按钮，也会弹出"新建通道"对话框，如图 11-4 所示。

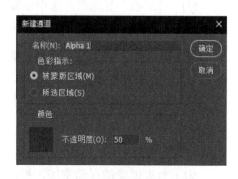

图 11-4 "新建通道"对话框

"新建通道"对话框中的参数设置如下。

(1) "名称":在此文本框中输入新的 Alpha 通道名;若不输入,系统依次自动命名为 Alpha 1、Alpha2、……

(2) "色彩指示":在此选项组中选择新通道的颜色显示方式。选择"被蒙版区域"单选按钮,即新建的通道中有颜色的区域为被遮盖的范围,而没有颜色的区域为选取范围(此为通常的编辑方式)。如果选择"所选区域"单选按钮,即新建的通道中没有颜色的区域为被遮盖的范围,而有颜色的区域为选取范围。

(3) "颜色"和"不透明度":这两个选项用于显示通道蒙版的颜色和不透明度,默认情况为半透明的红色。

当一个新通道建立后,在"通道"面板中将增加一个 Alpha 通道。

💡 **注意**:除了位图模式以外,其他图像色彩模式都可以加入新通道。在一个图像文件中,最多可以有 25 个通道。

2. 复制通道

复制通道通常用于以下两种情况。

(1) 在同一幅图像内,要对 Alpha 通道进行编辑修改前的备份。

(2) 在不同图像文件间,需要将 Alpha 通道复制到另一个图像文件中。

选择要复制的通道,单击▤(菜单控制)按钮,弹出"通道"面板菜单,选择"复制通道"命令,打开"复制通道"对话框,如图 11-5 所示,设置好各选项,单击"确定"按钮就可完成复制通道的操作。

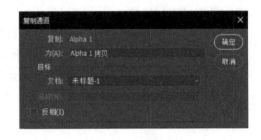

图 11-5 "复制通道"对话框

"复制通道"对话框中的参数设置如下。

(1) "为"文本框:可设置复制后的通道名称。

(2) "文档"下拉列表框:选择要复制的目标图像文件。选择不同的图像文件,可将 Alpha 通道复制到另一个图像文件中;选择"新建"选项,可将 Alpha 通道复制到一个新建的图像文件中,此时"名称"文本框被置亮,在其中可输入新图像文件的名称。

(3) "反相"复选框:选中该复选框,功能等同于执行"图像"|"调整"|"反相"菜单命令。复制后的通道颜色会以反相显示,即黑变白和白变黑。

💡 **注意**:① 拖动通道至▦(创建新通道)按钮上,可以在同一图像文件中快速复制通道。

② 复合通道不能复制。

③ 在不同图像文件间复制通道,只能在具有相同分辨率和尺寸的图像文件间复制。

3. 删除通道

为了节省硬盘的存储空间,提高程序运行速度,可以把没有用的通道删除。删除通道的方法有以下 3 种。

(1) 在"通道"面板中选择要删除的通道，单击█(删除当前通道)按钮，会弹出提示对话框，可选择是否删除当前选择通道。

(2) 将某个通道拖曳到█(删除当前通道)按钮上，也可以删除当前选择通道。

(3) 单击"通道"面板右上角的█(菜单控制)按钮，弹出"通道"面板菜单，从弹出菜单中选择"删除通道"命令，就可以删除当前选择通道。

💡 **注意：** ① *如果删除了某个原色通道，则通道的色彩模式将变为多通道模式。*

② *不能删除复合通道(如 RGB 通道、CMYK 通道等)。*

4．合并通道和分离通道

在图像处理过程中，有时需要把几个不同的通道进行合并，有时需要给一幅图像的通道进行分离，以满足图像制作需求。

合并通道是将多个灰度图像合并成一个图像，用户打开的灰度图像的数量决定了合并通道时可用的颜色模式，不能将从 RGB 图像中分离出来的通道合并成 CMYK 模式的图像。

合并通道的具体操作步骤如下。

(1) 打开想要合并的相同尺寸大小的灰度图像。

(2) 选择其中的一个作为当前图像。

(3) 在灰度图像的"通道"面板菜单中选择"合并通道"命令，弹出"合并通道"对话框，如图 11-6 所示。

图 11-6 "合并通道"对话框

(4) 在对话框的"模式"下拉列表框中选取想要创建的色彩模式，对应的合并通道数显示在"通道"文本框中。

(5) 单击"确定"按钮，打开对应色彩模式的"合并通道"对话框。

(6) 单击"确定"按钮，所选的灰度图像即合并成一个新图像，原图像被关闭。

💡 **注意：** *分离通道时，除原色通道(即复合通道和专色通道)以外的通道都将一起被分离出来。分离通道后，可以很方便地在单一通道上编辑图像，可以制作出特殊效果的图像。*

分离通道是把一幅图像的各个通道分离成几个灰度图像。如果图像太大，不便于存储时，可以执行分离通道的操作。图像中如果存在的 Alpha 通道也将分离出来成为一幅灰度图像。当这些灰度图像进行通道合并后，图像将恢复到原来的效果。分离通道只需选择"通道"面板菜单中的"分离通道"命令即可。

5．应用图像

通过应用图像可以对源图像中的一个或多个通道进行编辑运算，然后将编辑后的效果应用于目标图像，从而创造出多种合成效果。执行"图像"|"应用图像"菜单命令，打开"应用图像"对话框，如图 11-7 所示，包括以下几个选项。

◎ "源"：可以在此下拉列表框中选择一幅图像与当前图像混合，该项默认是当前图像。

◎ "图层"：设置用源图像中的哪一层来进行混合，如果不是分层图，则只能选择背景层；如果是分层图，在"图层"下拉列表框中会列出所有的图层，并且有一个合并选项，选择该项即选中了图像中的所有图层。

图 11-7　"应用图像"对话框

◎　"通道"：该选项用于设置用源图像中的哪一个通道进行运算。选中"反相"复
　　选框，会将源图像进行反相，然后再混合。
◎　"混合"：设置混合模式，具体见第 8 章。
◎　"不透明度"：设置混合后图像对源图像的影响程度。
◎　"保留透明区域"：选中此复选框后，会在混合过程中保留透明区域。
◎　"蒙版"：用于蒙版的混合，以增加不同的效果。

11.1.7　Alpha 通道

除了颜色通道，还可以在图像中创建 Alpha 通道，以便保存和编辑选区和蒙版。此外，
还可以根据需要随时载入、复制或删除 Alpha 通道。

1．将选区存储到 Alpha 通道

当将一个选区保存后，在"通道"面板中会自动生成一个新的通道，这个新通道被称
为 Alpha 通道。通过 Alpha 通道，可以实现蒙版的编辑和存储。具体操作步骤如下。

(1)　打开一幅图像文件，用"选择"工具在图像中选择一定的区域，如图 11-8 所示。

(2)　执行"选择"|"存储选区"菜单命令，打开如图 11-9 所示的"存储选区"对话框。

图 11-8　创建选区

图 11-9　"存储选区"对话框

(3)　在对话框中设置好各选项后，单击"确定"按钮，此时在"通道"面板中将产生

名为 Alpha 1 的新通道，如图 11-10 所示。

2. 载入 Alpha 通道

通过将 Alpha 通道载入图像，可以得到已存储的选区。载入 Alpha 通道的方法有以下两种。

(1) 直接将 Alpha 通道拖曳到"通道"面板下方的▦按钮上，或者在"通道"面板中选择要载入的 Alpha 通道，单击▦按钮，即可载入 Alpha 通道。

(2) 执行"选择"|"载入选区"菜单命令，打开"载入选区"对话框，如图 11-11 所示，选择要载入的 Alpha 通道，将选区载入。

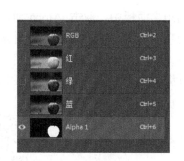

图 11-10 "通道"面板

图 11-11 "载入选区"对话框

11.1.8 专色通道

Photoshop 除了可以新建 Alpha 通道外，还可以新建专色通道。新建的专色通道能使图像预览加上专色后的效果。

专色是指一种预先混合好的特定彩色油墨(或叫特殊的预混油墨)，用来替代或补充印刷色(CMYK)油墨，如明亮的橙色、绿色、荧光色、金属金银色油墨等，或者可以是烫金版、凹凸版等，还可以作为局部光油版等。它不是靠 CMYK 四色混合出来的，每种专色在交付印刷时要求专用的印版，专色意味着准确的颜色。专色有以下几个特点。

(1) 准确性。每一种专色都有其本身固定的色相，所以它解决了印刷中颜色传递准确性的问题。

(2) 实地性。专色一般用实地色定义颜色，而不考虑这种颜色的深浅。当然，也可以给专色加网，以呈现专色的任意深浅色调。

(3) 不透明性和透明性。蜡笔色(含有不透明的白色)、黑色阴影(含有黑色)和金属色是相对不透明的，纯色和漆色是相对透明的。

(4) 表现色域宽。专色色域很宽，超过了 RGB、CMYK 的表现色域，所以大部分颜色是用 CMYK 四色印刷油墨无法呈现的。

专色通道是可以保存专色信息的通道，即可以作为一个专色版应用到图像和印刷当中，这是它区别于 Alpha 通道的明显之处。同时，专色通道具有 Alpha 通道的一切特点：保存选区信息、透明度信息。每个专色通道只是一个以灰度图形式存储相应专色信息，与其在屏幕上的彩色显示无关。

下面是专色通道的创建步骤。

(1) 选择或载入一个选区，并用专色填充。

(2) 从"通道"面板菜单中选取"新专色通道"，或者按住 Ctrl 键并单击"通道"面板中的"新建通道"按钮，弹出"新建专色通道"对话框，如图 11-12 所示。

图 11-12 "新建专色通道"对话框

(3) 设置专色通道的各选项："名称"文本框用于设置专色名称；"颜色"专色项，可以从调色板中选择一种专色；"密度"文本框用于设置专色在屏幕上的纯色度，与打印无关，范围在 0～100%之间。单击"确定"按钮完成。

专色通道也可以由 Alpha 通道转变而来。在"通道"面板中，双击 Alpha 通道，则弹出"通道选项"对话框，在对话框的"色彩指示"选项中选择"专色"选项，并选择一种颜色后单击"确定"按钮即可。

另外，专色通道可以用绘图工具或编辑工具进行编辑，也可以应用"合并专色通道"命令合并专色通道。

例 11.1 翻开的书效果。

下面举例来具体说明如何使用通道创建翻开的书的效果。

具体操作步骤如下。

(1) 打开素材文件，如图 11-13 所示，首先要把本素材的主体(翻开的书)抠出，以备后面使用。

创建翻开的书效果

(2) 用矩形选框工具框选书；按住 Ctrl+J 组合键(通过拷贝的图层)，获得"图层 1"，重命名为"书"，如图 11-14 所示。

图 11-13 打开素材文件

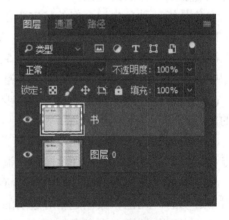

图 11-14 新建图层

(3) 添加专色通道。打开通道面板，按住 Ctrl 键，单击"通道"面板下方的第三个按钮(创建新通道)，在弹出的"新建专色通道"对话框中，单击颜色框，选择颜色。

(4) 打开并复制素材。打开一幅新的素材，按 Ctrl+A 组合键(全选图层)，然后按 Ctrl+C

组合键复制，如图 11-15 所示。

（5）回到第一个文档，打开"通道"面板，选中刚才新建的专色通道，按 Ctrl+V 组合键把刚刚复制的新素材图像粘贴进来，如图 11-16 所示。

图 11-15 复制通道

图 11-16 粘贴图像

（6）调整新图像的位置，选择"移动工具(V)"调整刚刚粘贴过来的图像到合适的位置并删除多余部分。

（7）新建图层，使用渐变工具，对背景进行个性化设置，最终效果如图 11-17 所示。

图 11-17 最终效果

11.2 蒙版的应用

图像处理中的蒙版是一个比较难理解的概念。此项目着重讲解蒙版的基本知识，要求理解并掌握蒙版的建立方法，掌握如何创建快速蒙版，初步了解蒙版与通道之间的关系。实训项目中的实例是蒙版技术与通道知识相结合的综合实例。

11.2.1 蒙版的概念

蒙版就是蒙在图像上，用来保护图像选定区域的一层"版"。当要改变图像某个区域的颜色或对该区域应用滤镜或其他效果时，蒙版可以隔离和保护图像中不需要编辑的区域，而只对未蒙区域进行编辑。当选择某个图像的部分区域时，未选中区域将"被蒙版"或被隔离而不被编辑。

在"通道"面板中所存储的 Alpha 通道就是所谓的蒙版。Alpha 通道可以转换为选区，因此可以用绘图和编辑等工具编辑蒙版。蒙版是一项高级的选区技术，它除了具有存放选区的遮罩效果外，其主要功能是可以更方便、更精细地修改遮罩范围。

利用蒙版可以很清楚地划分出可编辑(白色范围)与不可编辑(黑色范围)的图像区域。在蒙版中，除了白色和黑色范围外，还有灰色范围。当蒙版含有灰色范围时，表示可以编辑出半透明的效果。

在 Photoshop CC 2017 中，主要包括快速蒙版、通道蒙版和图层蒙版 3 种类型的蒙版，其中图层蒙版又包括普通图层蒙版、调整图层蒙版和填充图层蒙版。

11.2.2 快速蒙版

快速蒙版与 Alpha 通道蒙版都是用来保护图像区域的，但快速蒙版只是一种临时蒙版，不能重复使用；通道蒙版可以作为 Alpha 通道保存在图像中，应用比较方便。

1．创建快速蒙版

建立快速蒙版比较简单：打开一幅图像，使用"工具箱"中的选择工具，在图像中选择要编辑的区域，在工具箱中单击"快速蒙版模式编辑"按钮，则在所选的区域以外的区域蒙上一层色彩，如图 11-18 所示。快速蒙版模式在默认情况下是用 50%的红色来覆盖。

图 11-18　创建快速蒙版

在快速蒙版模式下，可以使用绘图工具编辑蒙版来完成选择的要求，也可以用橡皮擦工具将不需要的选区删除，或用画笔工具或其他绘图工具将需要选择的区域填上颜色，这样基本上就能准确地选择出所要选择的图像。

2．设置快速蒙版选项

在蒙版的实际使用过程中，我们可以根据自己的爱好和习惯自行设置快速蒙版的各个选项。设置快速蒙版选项的方法是在工具箱中双击"快速蒙版模式编辑"按钮，打开"快速蒙版选项"对话框，如图 11-19 所示。

图 11-19　"快速蒙版选项"对话框

💡 注意：当创建当前选区的快速蒙版之后，将在通道面板中自动产生一个名为"快速蒙版"的临时通道，其作用与将选取范围保存到通道中相同，只不过它是临时的。单击■(将通道作为选区载入)按钮切换为标准模式后，快速蒙版就会马上消失。

在"快速蒙版选项"对话框中：被蒙版区域是"色彩指示"参数区的默认选项，这个选项使被蒙版区域显示为 50%红色，使选择区域显示为白色。而"所选区域"选项与"被蒙版区域"选项功能相反。如果想改变蒙版的颜色可以通过"颜色"选项修改；如果想改变不透明度，可以在"不透明度"文本框中修改，0 表示完全透明，100%表示完全不透明。蒙版的"颜色"与"不透明度"只影响蒙版的外观，对其下的区域如何保护没有影响。如果要结束快速蒙版，单击"标准编辑模式"按钮，蒙版就转化为选区。

11.2.3　通道蒙版

通道蒙版是将选区转换为 Alpha 通道后形成的蒙版。在"通道"面板中选中目标 Alpha 通道后，图像中除了选区外均以黑色显示(被蒙区域)。

通过实例介绍通道蒙版的应用如下。

(1)　使用魔棒工具，在图像中建立选区，然后单击"通道"面板中的 ▨ (将选区存储为通道)按钮，将该选区存储为 Alpha 通道(也就是蒙版)。

(2)　单击"通道"面板中的 Alpha 1 通道，在图像中可以看到黑白分明的未蒙版和被蒙版区域。

(3)　执行"选择"|"反向"菜单命令，将选区反选，对蒙版进行编辑。

(4)　执行"滤镜"|"模糊"|"高斯模糊"菜单命令，打开"高斯模糊"对话框，将"半径"选项设置为 20 像素，并单击"确定"按钮。

(5)　切换到 RGB 通道，按住 Ctrl 键的同时单击 Alpha 1 通道调出该通道选区，按 Delete 键将选区外的图像删除，按 Ctrl+D 组合键取消选区。

💡 注意：蒙版与选区的原理是相同的，只不过蒙版可以被当成图形来编辑。例如，可以用画笔工具、橡皮擦工具等编辑蒙版，或用图像调整功能做一些特殊的处理。

11.2.4　图层蒙版

除了可以利用 Alpha 通道和快速蒙版制作蒙版，还可以直接在图层中建立蒙版。图层蒙版的作用是根据蒙版中颜色的变化使其所在层图像的相应位置产生透明效果。

图层中与蒙版的白色部分相对应的图像不产生透明效果；与蒙版的黑色部分相对应的图像完全透明；与蒙版灰色部分相对应的图像根据其灰度产生相应程度的透明效果。

图层蒙版可以控制当前图层中的不同区域如何被隐藏或显示。通过修改图层蒙版，可以制作各种特殊效果，而实际上并不会影响该图层上的图像。

下面用实例说明图层蒙版的应用。

(1)　打开两幅图像文件，执行"选择"|"全选"菜单命令，执行"编辑"|"拷贝"菜单命令。

(2)　回到另一个文件，执行"编辑"|"粘贴"菜单命令，将该图像文件当前图层复制到另一文件中，如图 11-20 所示。

(3)　按住 Ctrl 键，在"图层"面板中单击"图层 1"缩览图，此时图像窗口中出现一个与"图层 1"中的轮廓相同的选区。

(4) 单击"图层 1"左侧的 👁 按钮，将该图层隐藏。选中"图层 2"，单击"图层"面板中的 ◻ 按钮，利用当前选区创建一个蒙版，如图 11-21 所示。

图 11-20　将图像组合在一起

图 11-21　创建蒙版

💡 **注意:** 使用图层蒙版可以灵活地掌握要显示图像的哪一部分及要将图像显示的部分移动到什么位置。该功能经常被用来处理相片。例如，可以在一张人物的照片上设置蒙版，让照片只显示人物的部分，然后再添加一个自然风景的背景等。

11.3 图像的混合运算

图像的混合运算主要是对一幅或多幅图像中的通道和图层、通道和通道进行组合运算的操作，其目的是使当前图像或多个图像之间产生丰富多彩的特殊效果，以制作出精美的图像。下面详细讲解"应用图像"命令和"计算"命令，可以实现通道的计算。

11.3.1 "应用图像"命令

使用"应用图像"命令可以将图像的图层和通道(源)与当前操作的图像(目标)的图层和通道进行某种图像混合模式的混合，还可以用另一幅图像作为当前操作图像的蒙版等。

下面用实例说明"应用图像"命令的应用。

(1) 分别打开图像文件，执行"图像"|"应用图像"菜单命令，打开"应用图像"对话框，如图 11-22 所示，其中各选项的功能如下。

◎　"源"：用来选择一幅源图像和当前图像相混合。

◎　"图层"：在此下拉列表框中选择源图像中的某一个图层，选择"合并图层"选项，表示选定源文件的所有层。

◎　"通道"：在此下拉列表框中指定使用源图像中的哪个通道。

图 11-22　"应用图像"对话框

◎ "混合"：在此下拉列表框中设置源图像与当前图像的混合模式(有 19 种色彩混合模式，和"图层"面板中的合成模式相同)。

◎ "不透明度"：与"图层"面板中不透明度滑杆的作用相同。

◎ "保留透明区域"：选中此复选框后只对非透明区域进行合并(若当前图像选择背景层，则该复选框不能使用)。

◎ "蒙版"：选中此复选框可以再选择一个通道或图层作为当前图像的蒙版来混合图像。

◎ "反相"：选中该复选框，则将通道列表框中的蒙版内容进行反相。

(2) 设置好各项参数后，单击"确定"按钮，得到图像混合效果。

💡 **注意**：在应用"应用图像"命令进行图像混合时，参与的图像文件的文件格式、分辨率、色彩模式、文件尺寸等必须相同，否则该命令只能针对某个单一的图像文件进行通道或图层之间的某种混合。

11.3.2　"计算"命令

"计算"命令可以混合两个来自一个或多个源图像的单个通道，而且还可以将结果应用到新图像文件或新通道，或直接将合成结果转换为图像的选区。"计算"命令的功能和"应用图像"命令的功能基本相同，但"计算"命令不能应用于复合通道。

"应用图像"命令和"计算"命令的区别如下。

(1) "应用图像"命令可以使用图像的复合通道做运算，而"计算"命令只能使用图像单色通道来做运算。"计算"命令如果使用通道的所有亮度信息，可选择"灰色"通道。

(2) "应用图像"命令在运算操作时的源文件只能是一个，而"计算"命令在运算操作时的源文件可以是一个也可以是两个。

(3) "应用图像"命令的运算结果会被加到图像的图层上，而"计算"命令的结果将应用到通道上。

本 章 小 结

本章详细介绍了蒙版、通道的原理及使用方法，所含知识点包括通道和蒙版的概念、通道和蒙版的使用方法、通道的分类、蒙版的分类及应用、图像的混合运算。

课后习题

一、选择题

1. ( )不是通道的作用。
   A. 表示选择区域
   B. 表示墨水强度
   C. 表示不透明度
   D. 表示选区大小

2. ( )不属于通道的分类。
   A. 混合通道
   B. 普通通道
   C. 专色通道
   D. 颜色通道

3. 除了颜色通道，还可以在图像中创建( )通道，以便保存和编辑选区和蒙版。
   A. Alpha
   B. 专色
   C. 单色
   D. 混合

4. ( )不是专色通道的特点。
   A. 准确性
   B. 实地性
   C. 不透明性和透明性
   D. 选区性

5. ( )与 Alpha 通道蒙版都是用来保护图像区域的，但它只是一种临时蒙版，不能重复使用。通道蒙版可以作为 Alpha 通道保存在图像中，应用比较方便。
   A. 快速蒙版
   B. 图层蒙版
   C. 单色通道
   D. 通道蒙版

二、填空题

1. _____的主要作用是保存图像的颜色信息和存储蒙版。

2. 在"通道"面板中所存储的 Alpha 通道就是所谓的_____。Alpha 通道可以转换为_____。

3. _____面板可以创建并管理通道以及监视编辑效果，该面板中列出了图像中的所有通道。

4. 通过_____可以对源图像中的一个或多个通道进行编辑运算，然后将编辑后的效果应用于目标图像，从而创造出多种合成效果。

5. 在 Photoshop CS 中，主要包括_____、_____和_____3 种类型的蒙版，其中图层蒙版又包括普通图层蒙版、调整图层蒙版和填充图层蒙版。

6. _____命令可以混合两个来自一个或多个源图像的单个通道。

三、上机操作题

1. 制作五彩烟花。
   通过蒙版制作出五彩烟花的绽放效果，如图 11-23 所示。

2. 制作场景合成效果。
   通过对各个图像合成的效果，制作出抽象的图像，如图 11-24 所示。

3. 制作 Popo 动漫 logo。
   通过蒙版制作出具有投影效果的 logo，如图 11-25 所示。

图 11-23　制作五彩烟花的绽放效果

图 11-24　制作场景合成的效果

图 11-25　制作 logo 的效果

第 **12** 章

滤镜的应用

　　滤镜是 Photoshop 中功能最丰富、效果最奇特的命令，这些命令经过专门设计并能产生各种特殊的图像效果，它们主要用于调节光线、修整色调。使用滤镜可以轻松地改变图像的色彩和形状，极大地丰富了处理图像效果的手段。除了使用 Photoshop 提供的各种滤镜外，还可以自己设计滤镜，以及将其他软件商设计的滤镜加入 Photoshop 中使用。

12.1 滤镜的概念

滤镜主要用来实现图像的各种特殊效果，它在 Photoshop 中具有非常神奇的作用。所有的 Photoshop 滤镜都按分类放置在"滤镜"菜单中。滤镜的操作非常简单，使用时只需从该菜单中执行这些滤镜命令即可。但是真正应用起来却很难恰到好处，需要长时间的使用，在实际工作和学习中得到更多的经验，才能更有效地使用滤镜功能。

12.1.1 滤镜

当透过一块彩色玻璃或者一块变形玻璃观看一幅图像时，图像会变色或变形。Photoshop 中的滤镜原理跟这差不多，可以在很短的时间内，执行一个简单的命令就使原来的图像产生许许多多、变化万千的特殊效果，极大地丰富了处理图像效果的手段。

使用滤镜时要注意以下几点。

(1) 如果图像窗口中存在选区，那么效果在当前图层的选区中起作用；如果图像窗口中不存在选区，那么效果在整个当前图层起作用。

(2) 所选的滤镜只应用于现在正使用的并且是可见的图层，并且它不能应用于位图模式、索引模式或 16 位通道图像。

(3) 位图模式、索引模式和 16 位通道模式图像不能应用滤镜，应用前需先转换成色彩模式。CMYK 模式、Lab 模式的图像也有一部分滤镜不能应用，只有 RGB 图像可以应用所有的滤镜。如果需要对某幅图像应用某种滤镜而该滤镜却是灰色的，执行"图像"|"模式"菜单命令将图像转换为 8 位通道的 RGB 模式即可。

12.1.2 滤镜菜单

Photoshop 中的滤镜共分为 13 类，要使用某种滤镜，从"滤镜"菜单中选取相应的子菜单即可，主要是熟悉不同滤镜对话框中项目设置和相应的效果变化。

"滤镜"菜单从上到下被横线划分为 4 个部分。

(1) 最近使用过的滤镜，当需要重复以同样的设置使用该滤镜时，不需要再次打开滤镜对话框，直接选择即可。

(2) "图像"菜单下的"抽出""液化"和"图案创建"功能。

(3) Photoshop 的 13 种分类滤镜菜单，每一类下都包含各种滤镜。

(4) 第三方厂家提供的外挂滤镜，如果用户未安装，则这一部分是不可选的。

12.1.3 提高滤镜的使用功能

在为图像添加滤镜效果时，通常会占用计算机系统的大量内存，特别是在处理高分辨率的图像时就更加明显。可以使用如下方法提高性能。

(1) 在处理大图像时，先在图像局部添加滤镜效果。

(2) 如果图像很大，且有内存不足的问题时，可以将滤镜效果应用于单个通道。

(3)　在使用滤镜之前，先执行"编辑"｜"清除"菜单命令释放内存。

(4)　关闭其他应用程序，以便为 Photoshop 提供更多的可用内存。

(5)　如果要打印黑白图像，最好在应用滤镜之前，先将图像的一个拷贝转换为灰度图像。如果将滤镜应用于彩色图像然后再转换为灰度图像，所得到的效果可能与将该滤镜直接应用于此图的灰度图的效果不同。

12.2　艺术效果滤镜

艺术效果滤镜能将一幅图像变为大师级的绘画作品。此类滤镜中，通过向图像添加绘画笔触线条或纹理，使颜色产生多姿多彩的变化，并使图像看起来与传统绘画作品更加接近。通过本节的实训与练习使学生掌握艺术效果滤镜组(见图 12-1)各种不同滤镜的特点、参数设置及效果的比较，能正确地将滤镜效果应用到图像中。

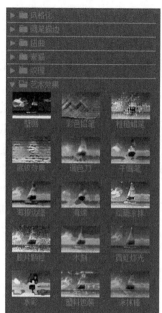

图 12-1　艺术效果滤镜

12.2.1　塑料包装滤镜

"塑料包装"效果滤镜是通过在图片上覆盖一层灰色薄膜并在周围产生白色的高光色带，使图像产生一种表面质感很强的塑料包装效果，经过处理后，图像具有很强的立体感，在参数设定的范围内会产生塑料泡泡。

在"塑料包装"效果滤镜的参数设置对话框中，可调节"高光强度"来设置塑料效果中高亮点的亮度，取值范围为 0～20，数值越大高亮点的亮度越大，塑料薄膜的效果越明显；调节"细节"来设置塑料效果分布的密度，取值范围为 1～15，数值越大分布越广，图像的细小部位就越能体现出来；调节"平滑度"来设置效果的平滑程度，取值范围为 1～15，数值越大越平滑柔和。

12.2.2　壁画滤镜

"壁画"效果滤镜将产生古壁画的斑点效果，它和干燥笔有相同之处，能强烈地改变图像的对比度，产生抽象的效果。

在"壁画"效果滤镜的参数设置对话框中，可通过调节"画笔大小"来模拟笔刷大小，取值范围为 0～10，数值越大越不能体现图像细微的层次，数值越小画面越细腻；"画笔细节"用来调节笔触的细腻程度，取值范围为 0～10，数值越大画面越平滑；"调节纹理"用来调节效果颜色之间的过渡，取值范围为 1～3，数值越大画面边缘将出现锯齿并增加一些像素斑点，数值越小画面越细腻。

12.2.3　干画笔滤镜

"干画笔"效果滤镜将使画面产生一种不饱和、不湿润、干枯的油画效果。

在"干画笔"效果滤镜的参数设置对话框中,可通过调节"画笔大小"来模拟油画笔刷大小,取值范围为 0~10,数值越大画笔越粗;"画笔细节"用来调节笔触的细腻程度,取值范围为 0~10,数值越大画面越平滑;"纹理"用来调节颜色之间的过渡,取值范围为 1~3,数值越小画面越细腻。

12.2.4　底纹滤镜

"底纹"效果滤镜是根据所选择的纹理类型,将纹理图与图像融合在一起,产生一种纹理喷绘的效果。

在"底纹"效果滤镜的参数设置对话框中,"画笔大小"选项用来调节图像纹理的细腻程度,取值范围为 0~40,数值越小图像纹理越清晰;"纹理覆盖"选项用来调节与图像融合在一起的纹理的范围,取值范围为 0~40,数值越大纹理覆盖的范围越大;在"纹理"下拉列表框中可选择预设的砖形、粗麻布、画布、砂岩纹理,也可以将其他的 PSD 格式的图片作为纹理载入;"比例缩放"选项用来调节纹理图像的比例,取值范围为 50%~200%;"凸现"选项用于调节纹理的凹凸程度来表现纹理的立体效果;"光照方向"选项可选择底、顶、左、右、左上、左下、右上、右下 8 种不同的光线照射方向;选择"反相"可以反转纹理表面的明暗。

12.2.5　彩色铅笔滤镜

使用"彩色铅笔"效果滤镜可以创造彩色铅笔在纯色背景上绘制图像的效果。其线条保留重要的边缘,外观呈粗糙阴影线;纯色背景色透过比较平滑的区域显示出来。

在"彩色铅笔"效果滤镜的参数设置对话框中,"铅笔宽度"选项用于设置铅笔笔尖的宽度,取值范围为 1~24,值越小描绘的线条越多;"描边压力"选项用于设置笔尖压力的大小,取值范围为 0~15,值越大画笔细节越多;"纸张亮度"选项用来调节背景色的亮度,取值范围为0~50,值为 0 时背景色为黑色,值为 50 时背景色为白色,0~50 之间为不同的灰色。

12.2.6　木刻滤镜

"木刻"效果滤镜是将图像描绘成好像是由粗糙剪下的彩色纸片组成的效果。高对比度的图像看起来呈剪影状,而色彩图像看上去是由几层彩纸组成的。

在"木刻"效果滤镜的参数设置对话框中,"色阶数"选项用来调节图像的色彩层次,取值范围为 2~8,值越小色彩的层次越少;"边简化度"选项用来设置图像处理后,边缘的层次,取值范围为 0~10,值越大简化的色块越大;"边逼真度"选项用来设置简化图像的逼真程度,受边简化度的影响,取值范围为 1~3,值越大简化图像越逼真。

12.2.7　水彩滤镜

"水彩"效果滤镜以水彩的风格绘制图像,使用蘸了水的有颜色的中等画笔,简化了图像细节部分。当边缘有显著的色调变化时,这个滤镜会为该颜色加色。

在"水彩"效果滤镜的参数设置对话框中，"画笔细节"选项用来调节画笔的细腻程度，取值范围为 1～14，值越大画面越细腻；"暗调强度"选项用来控制阴影区的范围，取值范围为 0～10，值越大阴影区的面积越大；"纹理"选项用来调节颜色之间的过渡，取值范围为 1～3，数值越小画面越细腻。

12.2.8 海报边缘滤镜

"海报边缘"效果滤镜是根据设置的海报化减少图像色调中的颜色数量，并查找图像的边缘，在边缘上绘制黑色线条。

在"海报边缘"效果滤镜的参数设置对话框中，"边缘厚度"选项用来调节黑色边缘的宽度，取值范围为 0～10，值越大边缘越宽；"边缘强度"选项用来调节边缘的可见度，取值范围为 0～10，值越大可见度越高；"海报化"选项用来控制颜色在图像上的渲染效果，取值范围为 0～6，值越大图像越柔和。

12.2.9 海绵滤镜

"海绵"效果滤镜是使用颜色对比强烈、纹理较重的区域创建图像，使图像看上去好像是用海绵绘制的。

在"海绵"效果滤镜的参数设置对话框中，"画笔大小"选项用来调节图像纹理即海绵块的大小，取值范围为 0～10，数值越小海绵块纹理越清晰；"定义"选项用来控制对比颜色块的反差，取值范围为 0～25，数值越大反差越强烈，海绵涂抹效果越明显；"平滑度"选项用来控制色彩的过渡，取值范围为 1～15，数值越大色彩的过渡越柔和。

12.2.10 涂抹棒滤镜

"涂抹棒"效果滤镜是使用短的线条，涂抹图像的暗区可以柔化图像；亮区更加亮，所以会导致失去一些细节。

在"涂抹棒"效果滤镜的参数设置对话框中，"线条长度"选项用于调节涂抹线条的长度，取值范围为 0～10，数值越大线条越长；"高光区域"选项用于控制高光的范围，取值范围为 0～20，数值越大高光区的面积越大；"强度"选项用于控制色彩的反差，取值范围为 0～10，数值越大色彩反差越大。

12.2.11 粗糙蜡笔滤镜

"粗糙蜡笔"效果滤镜的效果，使图像看上去好像是用彩色粉笔在带纹理的纸上画一样，笔触斑驳，色彩艳丽。

在"粗糙蜡笔"效果滤镜的参数设置对话框中，"线条长度"和"线条细节"选项用来调节笔画的力度和细节；在"纹理"下拉列表框中可选择预设的砖形、粗麻布、画布、砂岩纹理，也可以将其他的 PSD 格式的图片作为纹理载入；"比例缩放"选项用来调节纹理图像的比例，取值范围为 50%～200%；"凸现"选项用于调节纹理的凹凸程度来表现纹理的立体效果；"光照方向"选项可选择底、顶、左、右、左上、左下、右上、右下 8 种不同的光线照射方向；选择"反相"可以反转纹理表面的明暗。

12.2.12　绘画涂抹滤镜

"绘画涂抹"效果滤镜可以选取各种大小和类型的"画笔"，将图像模拟成绘画作品的效果。

在"绘画涂抹"效果滤镜的参数设置对话框中，"画笔大小"选项用来调节涂抹笔触的粗细，取值范围为 1～50，数值越小涂抹后图像越清晰；"锐化程度"选项用来调节笔触色彩的柔和程度，取值范围为 1～50，数值越小色彩过渡越柔和；"画笔类型"可以在下拉列表中选择"简单""未处理光照""未处理深色""宽锐化""宽模糊""火花"6种涂抹画笔，默认为"简单"画笔。

12.2.13　胶片颗粒滤镜

"胶片颗粒"效果滤镜是将平滑图案应用于图像的阴影色和中间色调；将图中更平滑、饱和度更高的图案，添加到图像的亮区。

在"胶片颗粒"效果滤镜参数设置对话框中，"颗粒"选项用来调节颗粒的密度，取值范围为 0～20，数值越大颗粒越密；"高光区域"选项用来调节颗粒的亮度，取值范围为0～20，数值越大亮度越高；"强度"选项用来调节颗粒色彩的反差，取值范围为 0～10，数值越大反差越大。

12.2.14　调色刀滤镜

"调色刀"效果滤镜是减少图像中的细节，可以生成使用调色刀堆砌优化颜色的效果，看上去比较粗犷。

在"调色刀"效果滤镜的参数设置对话框中，"描边大小"选项用来调节色调分离的程度，取值范围为 1～50，数值越大颜色数越少，色块范围越大；"线条细节"选项用来调节笔触的细腻程度，取值范围为 1～3，数值越小与原图像越接近；"软化度"选项用来调节色块之间融合的程度，取值范围为 0～10，数值越大图像越柔和。

12.2.15　霓虹灯光滤镜

"霓虹灯光"效果滤镜将各种类型的发光添加到图像中的对象上，在柔滑图像时很有用。若要选择一种发光颜色，请选中"发光颜色"复选框，并从拾色器中选择一种颜色。

在"霓虹灯光"效果滤镜的参数设置对话框中，"发光大小"选项用来设置发光区范围，取值范围为-24～24，数值越大发光区范围越大；"发光亮度"选项用来调节发光色的亮度，取值范围为 0～50，数值越大发光色的亮度越高；"发光颜色"选项用于在弹出的"颜色设置"界面中设置发光色的颜色，默认色为蓝色。

例 12.1　使用"霓虹灯光"制作照片特效。

具体操作步骤如下。

(1)　打开素材图片，如图 12-2 所示。

(2)　按 D 键，恢复为默认的前景色和背景色，按 Ctrl+J 组合键复制"背景"图层；在菜单栏中选择"滤镜"|"滤镜库"|"艺术效果"|"霓

用"霓虹灯光"制作
照片特效

虹灯光"命令，如图 12-3 所示。

图 12-2　打开图片

图 12-3　选项命令

（3）　单击"发光颜色"选项右侧的图标，打开"拾色器"调整颜色(R255，G192，B0)。在"图层"面板中将该图层的混合模式设置为"强光"，如图 12-4 所示。

图 12-4　"图层"面板设置

(4) 单击"调整"面板中的"色相/饱和度"按钮，创建"色相/饱和度"调整图层，增加饱和度，使图像呈现暖光效果，如图 12-5 所示。

(5) 单击"确定"按钮，最终图片制作成功。图 12-6 是原图与效果图的对比。

图 12-5　调整色相/饱和度属性面板

图 12-6　原图与霓虹灯光效果特效图对比

12.3　模糊滤镜

模糊滤镜(见图 12-7)通过平衡图像中已定义的线条，遮蔽清晰边缘旁边的像素，降低图像像素间的对比度，柔化选区或图像，可以起到修饰作用；还可以模拟物体运动的效果，使图像变化显得柔和模糊。

12.3.1　动感模糊滤镜

动感模糊滤镜可以模拟摄像中拍摄快速运动物体时间接曝光的功能，从而使图像产生一种动态效果。清晰的图像也可制作类似的效果，通过对像素沿特定方向的线形位移来模仿运动效果。

在"动感模糊"效果滤镜的参数设置对话框中，"角

图 12-7　模糊滤镜

度"选项用来调节运动模糊的方向，取值范围为-360～+360；"距离"选项用来调节运动模糊的强度，取值范围为 1～999 像素，值越大模糊效果越明显。

12.3.2 径向模糊滤镜

径向模糊滤镜可以模拟用变焦方式拍摄运动物体时，被摄物体四周产生放射状模糊影像，或在暗室曝光过程中轻微旋转相纸产生圆形模糊影像。

在"径向模糊"效果滤镜的参数设置对话框中，"模糊方法"可以选择"旋转"，模拟摄影机的旋转效果，产生同心弧度模糊的效果；在预览框中的任意位置单击，可以定义模糊的中心点；选择"缩放"沿半径线产生放射状模糊效果；"数量"选项用来调节模糊的强度，取值范围为 1～100，值越大模糊效果越强烈；"品质"选项对应的草图模糊处理时间最快但质量差，"好"选项对应的模糊效果比较平滑，"最好"选项对应的模糊效果质量最好但费时。

12.3.3 模糊滤镜和进一步模糊滤镜

模糊滤镜和进一步模糊滤镜的功能相同，都能消除图像中边缘清晰或对比明显的区域，"进一步模糊"滤镜效果要比"模糊"滤镜效果强烈 3～4 倍。这两种滤镜都没有参数设置对话框。

12.3.4 特殊模糊滤镜

"特殊模糊"效果滤镜可精确地模糊图像。

在"特殊模糊"效果滤镜的参数设置对话框中，"半径"选项用于调节模糊的范围，取值范围为 0.1～100，值越大模糊效果越明显。"阈值"选项用来确定像素值的差别达到何种程度时应将其消除，还可以指定模糊品质，也可以为整个选区设置模式，或为颜色转变的边缘设置模式为"边缘优先"或"叠加边缘"。在对比度显著的地方，"边缘优先"应用于黑白混合的边缘，而"叠加边缘"应用于白色边缘。"品质"选项用来指定模糊的品质，分为低、中、高三类，在"模式"选项中选择"正常"将产生正常的模糊效果；选择"边缘优先"时对比明显的区域将产生白色边缘，其他部分为黑色；选择"叠加边缘"，将在模糊的同时产生白色边缘。

12.3.5 高斯模糊滤镜

"高斯模糊"效果滤镜根据高斯曲线调节像素色值，可以添加低频细节控制模糊效果，甚至能造成难以辨认的雾化效果，产生一种朦胧的效果。

在"高斯模糊"效果滤镜的参数设置对话框中，"半径"选项用于调节模糊的范围和程度，取值范围为 0.2～250，值越大模糊效果越明显。

12.4 画笔描边滤镜

"画笔描边"效果滤镜与艺术效果滤镜一样，通过模仿不同的画笔和油墨笔触，为图像添加颗粒、杂色、边缘细节或纹理，使图像产生绘画效果。该组滤镜与艺术效果滤镜的区别是后者对图像整体产生艺术效果，而画笔描边滤镜组(见图 12-8)是在产生艺术效果的同时，强调图像的轮廓和笔画的线条特征。

12.4.1 喷溅滤镜

使用"喷溅"滤镜与喷枪的效果一样，产生一种喷水的图像效果。

在"喷溅"效果滤镜的参数设置对话框中，"喷色半径"选项用来控制喷洒的范围，取值范围为 0～25，值越大范围越大；"平滑度"选项用来控制喷洒效果的强弱，取值范围为 1～15，值越大效果越弱。

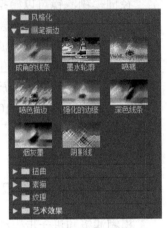

图 12-8　画笔描边滤镜组

12.4.2 喷色描边滤镜

使用"喷色描边"滤镜与"喷溅"滤镜效果类似，可以产生不同笔画方向的喷溅效果。

在"喷色描边"效果滤镜的参数设置对话框中，"线条长度"选项用来控制喷洒线条的长度，取值范围为 0～20，值越大线条越长；"喷色半径"选项用来控制喷洒的范围，取值范围为 0～25，值越大范围越大；"描边方向"选项用来控制喷洒线条的方向，有"右对角线""水平""左对角线""垂直"4 种选择。

12.4.3 强化的边缘滤镜

强化的边缘滤镜通过控制图像中反差较大的区域的范围、亮度和对比度来强化图像的边缘，使图像的细节和纹理更加突出。

在"强化的边缘"效果滤镜的参数设置对话框中，"边缘宽度"选项用来调节反差较大区域的范围，取值范围为 1～14，值越大边缘范围越大；"边缘亮度"选项用来调节强化边缘的颜色亮度，取值范围为 0～50，值越小边缘越接近黑色；"平滑度"选项用来调节边缘颜色的对比度，取值范围为 1～15，值越小边缘颜色的对比越强烈。

12.4.4 成角的线条滤镜

成角的线条滤镜要用对角线修描图像。图像中较亮的区域用一个方向的线条绘制，较暗的区域用相反方向的线条绘制，模拟钢笔画素描的效果。

在"成角的线条"效果滤镜的参数设置对话框中，"方向平衡"选项用来控制两种交叉线的比例，取值范围为 0～100，值大于 50 时为"/"线，值小于 50 时为"\"线；"线条长度"选项用来调节线条的长度，取值范围为 3～50，值越大线条越长；"锐化程度"选项用来调节线条的锐利程度，取值范围为 0～10，值越小线条的饱和度越低，图像越柔和。

12.4.5　墨水轮廓滤镜

这种滤镜是在原来的细节上用细线重绘图像，产生一种钢笔油墨风格的艺术效果。

在"墨水轮廓"效果滤镜的参数设置对话框中，"线条长度"选项用来调节线条的长度，取值范围为 1～50，值越大线条越长；"深色强度"选项用来调节黑色轮廓的强度，取值范围为 0～50，值越大轮廓越接近黑色；"光照强度"选项用来调节白色区域的强度，取值范围为 0～50，值越大颜色越亮。

12.4.6　深色线条滤镜

深色线条滤镜是用短的、密的线条绘制图像中与黑色接近的深色区域，并用长的、白色线条绘制图像中较浅的区域，从而产生一种具有强烈对比的带黑色阴影的图像效果。

在"深色线条"效果滤镜的参数设置对话框中，"平衡"选项用来调节笔触线条的方向，取值范围为 0～10；"黑色强度"选项用来调节黑色线条的强度，取值范围为 0～10，值越大线条越暗；"白色强度"选项用来调节白色线条的强度，取值范围为 0～10，值越大线条越亮。

12.4.7　阴影线滤镜

阴影线滤镜是用铅笔阴影线在图像上添加纹理和粗糙化线条，并且在彩色区域边缘保留原图像的细节和特征，主要通过"强度"选项控制阴影线的数量。

在"阴影线"效果滤镜的参数设置对话框中，"线条长度"选项用来调节交叉网线的长度，取值范围为 3～50，值越大线条越长；"锐化程度"选项用来调节线条的力度，取值范围为 0～20，值越大线条的饱和度越大，图像笔触效果越清晰；"强度"选项用来调节交叉网线的数量，取值范围为 1～3，值越大线条的数量越多。

12.5　扭曲滤镜

扭曲滤镜组中的 12 个滤镜主要使图像产生变形效果，通过对选区图像沿不同方向的位移，模拟集合扭曲、三维、波浪、漩涡等不同的几何变形效果。使用这组滤镜命令要比其他的滤镜命令更消耗内存。

12.5.1　切变滤镜

切变滤镜是沿一条曲线扭曲图像。通过拖动框中的线条来制定一条扭曲曲线，可以调整曲线上的任何一点，单击"默认"按钮可以将曲线恢复成直线。

在"切变"效果滤镜的参数设置对话框中，默认的扭曲曲线是一条直线，可在直线上单击设置控制点，拖动控制点调节曲线的形状控制图像的扭曲；"未定义区域"用来设置图像弯曲后空白区域的填充方式，选择"折回"空白区域填充超出选区以外的图像，选择"重复边缘像素"空白区域填充弯曲图像边缘的颜色。

12.5.2 挤压滤镜

挤压滤镜用于挤压选区，正值将选区向中心移动，负值将选区向外移动。

在"挤压"效果滤镜的参数设置对话框中，"数量"选项用来控制选区向内或向外挤压，取值范围为-100%～100%，0～100%为向内挤压，-100%～0 为向外挤压。

12.5.3 旋转扭曲滤镜

旋转扭曲滤镜用于旋转选区，中心的旋转程度比边缘的旋转程度大。指定角度时可生成旋转扭曲图案。

在"旋转扭曲"效果滤镜的参数设置对话框中，"角度"选项用来调节图像顺时针或逆时针旋转，取值范围为-999～999，取正值时图像顺时针旋转，取负值时图像逆时针旋转。

12.5.4 极坐标滤镜

极坐标滤镜是根据选中的选项，将选区从平面坐标转换到极坐标，反之亦然。使用这个滤镜可以创建圆柱变体，当在镜面柱中观看圆柱变体中扭曲的图像时是正常的。

在"极坐标"效果滤镜的参数设置对话框中，可以在"选项"下选择两种转换方式："平面坐标转换到极坐标"和"极坐标转换到平面坐标"。

12.5.5 水波滤镜

水波滤镜是根据选中像素的半径将选区径向扭曲，像石子投入水面后产生的涟漪效果。

在"水波"效果滤镜的参数设置对话框中，"数量"选项用来调节水波扭曲变形的方向和程度，取值范围为-100%～100%，离中心 0 越远变形越明显；"起伏"选项用来调节水波的多少，取值范围为0～20，值越大波纹数量越多；"样式"选项用来选择不同的水波类型："围绕中心"(沿选区中心旋转图像)、"从中心向外"(向选区中心或选区中心向外扭曲变形)和"水池波纹"(向左上或右下扭曲变形)。

12.5.6 波浪滤镜

波浪滤镜的工作方式和波纹滤镜差不多，只是可以进一步控制波浪效果。

在"波浪"效果滤镜的参数设置对话框中，"类型"选项用来选择波动变形的类型，即"正弦""三角形"或"方形"；"生成器数"选项用来控制波浪的数量；"波长"选项用来控制波峰间的水平距离，最小波长不能超过最长波长；"波幅"选项用来控制波峰的高度，最小波幅不能超过最长波幅；"比例"选项用来控制水平或垂直方向的波动变形程度；单击"随机化"按钮会在当前参数设置的前提下，随机产生波动效果；"未定义区域"可以选择"折回"(空白区域填充超出选区以外的图像)或"重复边缘像素"(空白区域填充波动图像边缘的颜色)。

12.5.7 波纹滤镜

波纹滤镜用于在选区创建波状起伏的图案，像水池表面的波纹。

12.5.8 球面化滤镜

球面化滤镜通过将选区折成球面、扭曲图像以及伸展图像以适合选中的曲线，使对象具有 3D 效果。

在"球面化"效果滤镜的参数设置对话框中，"模式"可以选择"正常""水平优先"和"垂直优先"；"数量"选项用来控制球面变形的凹凸程度。

12.5.9 置换滤镜

置换滤镜使用置换图确定如何扭曲选区，必须借助于另一幅置换图的图像像素的亮度值来确定如何变形，置换图必须是 PSD 格式文件。

在"置换"效果滤镜的参数设置对话框中，"水平比例"和"垂直比例"选项用来调节对图像选区在水平和垂直方向上像素的位移程度，取值范围为 0～100%，值越大位移量越大；"置换图"选项用来选择置换图与图像选区的配合方式，"伸展以配合"选项用来重新调整置换图的大小与选区配合，"拼贴"选项用来将多个置换图图案拼贴与选区配合；"未定义区域"选项用来选择图像选区执行置换后，图像未选区域的变化方式，"折回"是指用图像中对边的内容填充未定义的区域，"重复边缘像素"是指按指定方向扩展图像边缘像素的颜色。

12.6 像素化滤镜

像素化效果滤镜组中的 7 个滤镜主要是使图像产生不同的色块效果。

12.6.1 彩块化滤镜

彩块化滤镜是将纯色或相似颜色的像素结块成彩色像素块。

12.6.2 彩色半调滤镜

彩色半调滤镜模拟在图像的每个通道上使用扩大的半调网格的效果。

在"彩色半调"效果滤镜的参数设置对话框中，"最大半径"选项用来调节半调网格的大小，在图像的每一个色彩通道中该滤镜会将图像按网格的大小划分为矩形块，然后用圆形像素点表示这些像素块。

12.6.3 晶格化滤镜

晶格化滤镜将像素结块为纯色多边形，产生类似水晶的效果。

在"晶格化"效果滤镜的参数设置对话框中,"单元格大小"选项用来控制多边形单元格的尺寸大小,取值范围为3~300,值越大单元格的尺寸越大。

12.6.4　点状化滤镜

点状化滤镜将图像中的颜色分散为随机分布的网点,再将背景色填充在网点之间的画布区域,从而使图像产生斑点化的效果。

在"点状化"效果滤镜的参数设置对话框中,"单元格大小"选项用来控制网点的尺寸,取值范围为3~300,值越大网点尺寸越大。

12.6.5　碎片滤镜

碎片滤镜为选区的像素创建四份备份,进行平均,再使它们互相偏移,从而产生一种晃动模糊的效果。

12.6.6　铜版雕刻滤镜

铜版雕刻滤镜将图像转换为黑白区域的随机图案或彩色图像的全饱和颜色随机图案。

在"铜版雕刻"效果滤镜的参数设置对话框中,"类型"选项可以选择10种随机图案的样式。

12.6.7　马赛克滤镜

马赛克滤镜将像素结块为方块。在"马赛克"效果滤镜的参数设置对话框中,"单元格大小"选项用来控制色块的尺寸的大小,取值范围为2~64,值越大马赛克尺寸越大。

12.7　渲染滤镜

渲染滤镜组中的滤镜可以在图像中创建云彩和镜头光晕等,还可以从灰度文件中创建纹理填充来制作类似三维的光照效果。

12.7.1　云彩滤镜和分层云彩滤镜

云彩滤镜和分层云彩滤镜没有参数设置对话框,使用前景色和背景色间变化的随机值生成云彩图案。

12.7.2　镜头光晕滤镜

镜头光晕滤镜模拟逆光拍照所产生的折射。在"镜头光晕"效果滤镜的参数设置对话框中,"亮度"选项用来调节光晕的强度,取值范围为10%~300%,值越大光线越强烈;"镜头类型"选项可以选择3种不同的照相机镜头。

本 章 小 结

本章主要讲解常用滤镜的概念，要熟练掌握各种滤镜的使用方法，特别是在图像处理中合理应用各种滤镜效果，制作出丰富多彩的效果。所含知识点包括滤镜的简介、艺术效果滤镜、模糊效果滤镜、画笔描边效果滤镜、扭曲滤镜、像素化滤镜、渲染滤镜等常用滤镜。

课 后 习 题

一、选择题

1. (　　)方法不能提高性能。

A. 在处理大图像时，先在图像局部添加滤镜效果

B. 如果图像很大且有内存不足的问题时，可以将滤镜效果应用于单个通道

C. 在使用滤镜之前，先执行"编辑"｜"清除"菜单命令释放内存

D. 打开多个图像文件

2. (　　)与喷枪的效果一样，产生一种喷水的图像效果。

A. 阴影线滤镜　　　　　　　　　　B. 彩块化滤镜

C. 喷溅滤镜　　　　　　　　　　　D. 马赛克滤镜

3. 球面化滤镜通过将选区折成球面、扭曲图像以及伸展图像以适合选中的曲线，使对象具有(　　)效果。

A. 突出　　　　　　　　　　　　　B. 3D

C. 玻璃　　　　　　　　　　　　　D. 晶格化

4. (　　)使用前景色和背景色间变化的随机值生成云彩图案。

A. 波纹滤镜　　　　　　　　　　　B. 碎片滤镜

C. 镜头光晕滤镜　　　　　　　　　D. 云彩滤镜

5. (　　)滤镜通过平衡图像中已定义的线条，遮蔽清晰边缘旁边的像素，降低图像像素间的对比度，柔化选区或图像，可以起到修饰作用，还可以模拟物体运动的效果。

A. 模糊　　　　　　　　　　　　　B. 球面化

C. 喷溅　　　　　　　　　　　　　D. 玻璃

二、填空题

1. _____主要用来实现图像的各种特殊效果，它在 Photoshop 中具有非常神奇的作用。

2. 在为图像添加滤镜效果时，通常会占用计算机系统的大量_____，特别是在处理高分辨率的图像时就更加明显。

3. _____组中的滤镜可以在图像中创建 3D 变换、云彩、光照效果和镜头光晕，还可以从(灰度)文件中创建纹理填充来制作类似三维的光照效果。

4. "干画笔"效果滤镜使画面产生一种_____、_____、_____的油画效果。

5. 在使用滤镜之前，先执行_____ ｜ _____菜单命令释放内存。

三、上机操作题

1. 制作电影网站。

根据本书介绍的 Photoshop 中的滤镜、蒙版、自由变形等命令来进行网站的设计，效果如图 12-9 所示。

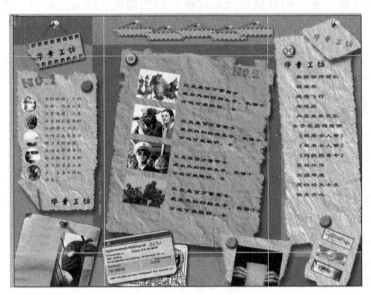

图 12-9　制作电影网站的效果

2. 制作公益广告。

通过图形与文字的滤镜效果，制作闪亮的发光效果，如图 12-10 所示。

3. 制作彩色铅笔。

通过绘制的路径制作铅笔的轮廓，再通过滤镜调整出效果，如图 12-11 所示。

图 12-10　制作公益广告的效果

图 12-11　制作彩色铅笔图片的效果

第 **13** 章

动作的处理

动作是Photoshop中一种可将一连串命令或操作集中处理的工具。本章主要介绍动作的操作方法以及自动批处理命令。

13.1 动作的基本概念

在 Photoshop CC 2017 中，动作就是对某个或多个图像文件做一系列连续处理的命令的集合，就像 DOS 命令中的批处理和 Word 中的宏一样。例如，可以创建一个这样的动作：它先用图像大小命令更改图像大小，然后应用 USM 锐化滤镜锐化细节，最后利用存储命令将文件存储为所需的格式。

通常我们会将一些常用的效果(如投影效果和浮雕效果等)的制作过程录制成动作，这样在以后每次制作该效果时就不必从头开始，只需应用该动作即可自动完成。另外，动作还是一种非常不错的学习工具，参照某个动作，我们可以轻而易举地还原出某种复杂效果或实例的制作方法。

13.1.1 "动作"面板简介

在 Photoshop 中，"动作"的功能主要是通过"动作"面板来实现的，使用"动作"面板可以记录、播放和编辑动作，还可以存储和载入动作文件。为了便于管理动作，可将动作组合为序列的形式，用序列管理动作就像用目录管理文件一样方便。

下面首先介绍"动作"面板。执行"窗口"|"动作"菜单命令，显示"动作"面板，如图 13-1 所示。

图 13-1   "动作"面板

(1) "动作"列表：默认情况下，"动作"面板以列表模式显示动作，可以展开和折叠序列、动作或命令。

(2) "序列"：默认情况下，只有一个序列，即 Photoshop 自带的默认动作序列。序列是一系列动作的集合，而每一组动作又是一系列操作和命令的集合。

(3) "切换项目开/关"按钮：最左边的一组方框，表示该序列或动作是否可执行。如果序列前的"项目开关"打上了"√"并呈黑色显示，则该序列中的所有动作和命令都可以执行；如果没有打"√"，则表示当前该序列中所有动作和命令都不可执行。

(4) "切换对话开/关"按钮：对话框显示项。当出现"切换对话开"按钮▣时，在执行动作的过程中，会暂停在对话框中，等待用户做出相应的响应后继续执行；若没有显示"切换对话关"按钮■，则 Photoshop 会按动作中的设置逐一往下执行。如果"开始记录"按钮■呈红色，则表示序列中只有部分动作或命令设置了暂停操作。

(5) "展开"按钮▾和"折叠"按钮❯：单击序列中的"展开"按钮可以展开序列中的所有动作，单击动作中的"展开"按钮可以展开所有记录下的命令或操作，而且还会显示每个命令的参数设置。展开后可以单击"折叠"按钮将序列或动作折叠起来，只显示序列或动作的名称。

(6) "开始记录"按钮■：单击该按钮可开始录制动作。

(7) "停止播放/记录"按钮■：单击该按钮可停止执行动作(如果正在执行动作)，或者停止录制动作(如果正在录制动作)。

(8) "播放选区"按钮▶：单击该按钮执行动作。

(9)　"创建新组"按钮 ■：单击该按钮可创建新的动作序列。

(10)　"创建新动作"按钮 ■：单击此按钮可创建新的动作，新建的动作会出现在当前选定的序列中。

(11)　"删除"按钮：单击此按钮可删除当前选中的动作或序列。

(12)　"动作"面板菜单：单击"动作"面板右上角的三角按钮，打开面板菜单，从中可以执行与动作有关的命令。

💡 **注意：** 大多数动作菜单命令在"动作"面板中都有快捷按钮，所以本书不再对动作菜单进行详细叙述，一些不常用的菜单命令可以参阅 Photoshop CC 2017 的帮助。

13.1.2　利用动作序列组织动作

Photoshop CC 2017 提供了动作序列功能，可根据不同的工作方式来组织动作。

要创建新的动作序列，可单击"动作"面板中的"创建新组"按钮，弹出如图 13-2 所示的对话框。

在该对话框的"名称"文本框中输入新序列的名称，即可创建一组动作序列，如图 13-3 所示。

图 13-2　"新建组"对话框　　　图 13-3　在"动作"面板中创建新序列

如果要为已存在的动作或序列重新命名，双击"动作"面板中的动作或序列名，即可为动作或序列重新命名。

13.2　动作的录制和编辑

本节将着重介绍动作的编辑，包括动作的录制、修改以及应用等。可以在动作中记录大多数(比如绘画工具以及一些辅助工具等除外)命令。

13.2.1　动作的录制

在动作的录制过程中，Photoshop 会把全部操作的过程及其设置记录下来。下面通过一个例子来介绍动作录制的过程。

(1) 单击"动作"面板中的"创建新动作"按钮 □，此时将打开"新建动作"对话框，如图 13-4 所示。在该对话框中输入动作的名称，另外还可以选择该动作所对应的功能键以及将所录制的动作放在哪个动作序列中。

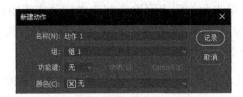

图 13-4　"新建动作"对话框

💡 注意：这里的功能键是指键盘上的 F1 至 F12 等按键，是启动动作的快捷键。

(2) 单击"开始记录"按钮 ●后立即开始录制动作，此时可以发现"录制"按钮是按下去的，且呈红色显示。首先打开图像文件，该图像只有一个图层，如图 13-5 所示。此时"打开"命令被记录至动作中。

图 13-5　打开文件开始录制动作

(3) 执行"图像"|"画布大小"菜单命令，在"画布大小"对话框中设置图像的"宽度"和"高度"等数值后，单击"确定"按钮，如图 13-6 所示。"画布大小"命令也被记录到动作当中。

(4) 录制滤镜效果。执行"滤镜"|"渲染"|"镜头光晕"菜单命令，对图像图层做"镜头光晕"处理，在弹出的对话框中设置滤镜的参数，如图 13-7 所示。

(5) 单击"确定"按钮，完成镜头光晕效果，如图 13-8 所示。

(6) 在"动作"面板中单击"停止播放/记录"按钮 ■，结束动作的录制。至此，完成该动作录制的操作。

动作录制完成后，在"动作"面板中可以看到所录制的动作名称、操作命令名称以及其参数设置等，如图 13-9 所示。

图 13-6　"画布大小"对话框　　　　　　图 13-7　"镜头光晕"对话框

图 13-8　执行镜头光晕后的效果　　　　图 13-9　动作中的各录制命令

13.2.2　动作的编辑

动作的录制通常很难做到一次成功，一般会对其进行编辑，其中包括移动、复制、删除以及重新录制等。下面介绍一些常用的编辑。

1. 调整动作的顺序

可以在已录制好的动作中任意调整命令的先后顺序，还可将命令拖动至其他动作中，具体操作方法和改变图层的顺序一样，直接在"动作"面板中拖动即可，如图 13-10 所示。

图 13-10　调整动作中的顺序

2. 在动作中添加命令

对于已经录制好的动作，有时需要添加其他命令。添加命令时首先选择需添加命令的位置，然后单击"开始记录"按钮进行录制，所录制的命令会插入在当前选中的命令之后，如图 13-11 所示。

3. 重新录制动作中的命令

如果要修改动作中某个命令的设置，可先选择该命令，然后单击"动作"面板右上角的菜单按钮，打开动作菜单，从中执行"再次记录"命令，如图 13-12 所示，此时 Photoshop 将重新执行并录制该命令。

图 13-11　在动作中添加命令

图 13-12　选择"再次记录"命令

4. 复制动作

如果要复制动作到其他的序列或将命令复制到其他的动作中，只要在按住 Alt 键的同时将动作或命令拖动至需要复制的位置即可，如图 13-13 所示。

图 13-13　在动作中复制命令

5. 删除动作

如果要删除某个动作或动作中的某个命令，可先选择该动作或命令，然后单击"动作"面板中的"删除"按钮▥，此时将弹出警告对话框，确认后即可删除该动作或命令。另外，也可直接将动作或命令拖动至"删除"按钮▥上将其删除。

13.3　执行动作

录制完动作后就可以执行动作了。执行动作时，先选中要执行的动作，然后单击"动

作"面板上的"播放选区"按钮，或者执行"动作"|"播放"菜单命令。这样，动作中记录的操作命令就应用到图像中了。

当执行一个包含较多命令的动作时，可能经常会提示一些内容或错误。改变动作执行速度的操作是：单击"动作"面板右上角的"动作选项"按钮 ■，打开动作菜单，执行"回放选项"命令，打开"回放选项"对话框，如图 13-14 所示。

图 13-14 "回放选项"对话框

该对话框中的选项介绍如下。

(1) "加速"：为动作播放默认选项，执行速度越来越快。

(2) "逐步"：一步一步地执行动作中的命令。

(3) "暂停"：在动作播放的时候，短暂地暂停播放，单位为秒，每执行一步，暂停一下。

13.4 批处理

除了动作以外，Photoshop CC 2017 还提供了文件自动化操作功能，这就是批处理。动作的使用主要是应用于一个文件或一个效果，批处理可实现对多个图像文件的成批处理，如更改图像的大小、变换色彩模式以及执行滤镜功能等。在实际应用中，动作往往和批处理配合使用。例如，数码相机中的照片通常尺寸比较大，分辨率比较高，导入计算机后一般会更改其尺寸和分辨率。看似很简单的一个处理，只需对照片文件做一个"图像大小"命令就可以了。如果现在不是 1 张照片，而是 100 张照片，那么我们是不是要做 100 次相同的操作？肯定不需要，通过 Photoshop 提供的"批处理"调用某个动作，可以一次对这些照片自动进行处理。

利用批处理命令，可以对指定文件夹内的多个图像文件执行同一个动作，从而实现文件处理的自动化。需要注意的是，在进行文件批处理操作前，必须先将待处理的文件放在同一个文件夹内。若要将图像处理完后另存到其他文件夹，也必须先建立一个文件夹。Photoshop 提供的文件自动化处理功能位于"文件"|"自动"|"批处理"菜单命令中。打开"批处理"对话框，如图 13-15 所示。

对话框中一些参数的含义如下。

(1) "播放"选项区：在该选项区中指定将用于批处理操作的动作序列与动作。

(2) "源"选项区：在"源"下拉列表框中，包括"文件夹""输入""打开的文件"和"文件浏览器"等 4 个选项，用于选择待处理图片的来源。

① 选择"文件夹"选项，则动作将处理的是某个文件夹内的全部图像文件，同时单击下面的"选择"按钮，在弹出的对话框中可指定来源文件所在的文件夹。

图 13-15　"批处理"对话框

② 选择"输入"选项，则可以选择从其他数码或扫描设备中获取图像。

③ 选择"打开的文件"选项，则动作将处理当前所打开的文件。

④ 选择"文件浏览器"选项，则动作将处理从"文件浏览器"中打开的文件。

(3) "覆盖动作中的'打开'命令"：选中该复选框，则将打开上面"选择"命令中所设定文件夹中的文件，并且忽略动作中的"打开"文件操作。

(4) "包含所有子文件夹"：选中该复选框，则将对"选择"按钮所设定文件夹以及所有子文件夹中的图片执行该动作。

(5) "禁止颜色配置文件警告"：选中该复选框，则对图像文件执行动作时忽略颜色配置文件警告。

(6) "目标"：在"目标"下拉列表框中，可指定经动作处理后的文件的存储方式。

① "无"表示不存储。

② "存储并关闭"表示以原文件名存储后关闭。

③ "文件夹"表示可指定其他文件夹来存储文件，并且在下面的"选择"按钮中选择目的文件夹。

(7) "覆盖动作中的'存储为'命令"：选中该复选框，表示将按照"选择"按钮指定的文件夹保存文件，并且忽略动作中的"存储"操作。

(8) "错误"：在"错误"下拉列表框中可设置批处理操作发生错误时的处理方式。

① "由于错误而停止"表示发生错误时立即停止批处理。

② "将错误记录到文件"表示将错误信息记录在指定的文件中，并且批处理操作不会因此被中断，同时在下面的"存储为"按钮中指定存储文件。

💡 **注意：** 在"文件"|"自动"子菜单下有个"创建快捷批处理"命令，选择该命令可以将设置好的批处理以应用程序的形式存储在磁盘上。

本 章 小 结

本章主要介绍了动作和批处理的操作方法。读者可以通过"动作"面板进行动作的录制、编辑以及动作的应用，同时结合批处理可以对批量文件应用动作，从而起到自动化操作的目的。

课 后 习 题

一、选择题

1. 下列关于动作的描述中, 错误的是( )。

    A. 所谓动作就是对单个或一批文件回放一系列命令

    B. 大多数命令和工具操作都可以记录在动作中, 动作可以包含暂停, 这样可以执行无法记录的任务

    C. 所有的操作都可以记录在动作面板中

    D. 在播放动作的过程中, 可在对话框中输入数值

2. 在 Photoshop CS 中, 当在大小不同的文件上执行动作时, 将标尺的单位设置为下列哪种显示方式, 动作就会始终在图像中的同一相对位置回放(例如, 对不同尺寸的图像执行同样的裁切操作)? ( )

    A. 百分比   B. 厘米

    C. 像素   D. 和标尺的显示方式无关

3. 执行"窗口" | "动作"菜单命令或单击( )键, 可显示"动作"面板。

    A. F6   B. F7

    C. F8   D. F9

4. 在"动作"面板菜单中, 选择( )命令, 可将各个动作以按钮模式显示。

    A. 按钮模式   B. 重置动作

    C. 载入动作   D. 替换动作

5. 要选择几个不连续的动作, 可在按住键盘中( )键的同时, 依次单击各个动作的名称。

    A. Tab   B. Alt+B

    C. Shift   D. Ctrl

6. 一个动作是一系列命令, 按 Ctrl+Alt+Z 组合键, 只能还原动作的( )命令。

    A. 第一个   B. 中间一个

    C. 最后一个   D. 所有的

7. 动作序列之间切换对话开/关(对勾)由黑色转为红色, 表示( )。

    A. 该序列中有被关闭的动作   B. 该序列中某动作的对话框被关闭

    C. 该序列不可执行   D. 序列在重录

8. 可以将动作保存起来, 保存后的文件扩展名为( )。

    A. ALV   B. ACV

    C. ATN   D. AHU

9. 要展开当前所选序列中所有动作中的内容, 可以( )。

    A. 按住 Shift 键单击展开按钮   B. 按住 Alt 键单击展开按钮

    C. 按住 Ctrl 键单击展开按钮   D. 以上都不对

二、填空题

1. 在 Photoshop CC 2017 中，_____就是对某个或多个图像文件做一系列连续处理的命令的集合，就像 DOS 命令中的批处理和 Word 中的宏一样。

2. 在 Photoshop 中，"动作"的功能主要是通过_____来实现的。

3. 使用"动作"面板可以_____、_____和_____动作，还可以存储和载入动作文件。

4. 动作的录制通常很难做到一次成功，一般会对其进行编辑，其中包括_____、_____、_____以及_____等。

5. 录制完动作后就可以执行动作了。执行动作时，先选中要执行的动作，然后单击"动作"面板上的"播放选区"按钮，或者执行"_____"|"_____"菜单命令。

6. 动作的使用主要是应用于一个文件或一个效果，_____可实现对多个图像文件的成批处理，如更改图像的大小、变换色彩模式以及执行滤镜功能等。

三、上机操作题

假设现有大小为 2272 像素×1704 像素、分辨率为 180 dpi、文件格式为 JPG 的照片图片100 张，要将这些照片文件全部改为尺寸为 1024 像素×768 像素、分辨率为 72 dpi，存储格式仍然为 JPG。

提示：在本例中，可以通过"批处理"命令，对照片文件进行批量处理。在此之前，先要录制一个动作，其作用是改变图像尺寸和分辨率；然后在批处理中调用这个动作来对照片文件进行处理。

第 14 章

综合实例

　　本章主要针对以前各章的知识重点，通过一些实例详细介绍这些知识重点，使读者更进一步熟悉并掌握各章知识重点。

14.1 化妆品写真

本节主要针对选区的应用制作出"化妆品写真"效果，通过此实例详细介绍选区的创建、编辑、填充、描边等知识点的应用方法。

14.1.1 目的和要求

(1) 通过本例掌握如何使用选区绘制图像。
(2) 制作化妆品的长形瓶体。

14.1.2 上机准备

本例复习的知识点包括矩形选框工具、椭圆选框工具、载入选区、渐变工具。

14.1.3 操作步骤

本节首先需要制作出一个化妆品的长方体瓶体，再制作海报的文字，效果如图 14-1 所示。

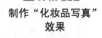
制作"化妆品写真"效果

图 14-1 效果图

(1) 新建一篇文档，设置新建文档的高度和宽度，设置默认的前景色和背景色，新建图层，绘制一个矩形，如图 14-2 所示。

(2) 新建图层，单击椭圆工具，绘制与矩形宽度相同的椭圆形，并将其移至矩形的上方，如图 14-3 所示。

(3) 复制图层椭圆 1，得到图层椭圆 1 的副本，使用移动工具调整图像的位置，移至矩形的下方，如图 14-4 所示。

图 14-2 建立瓶体轮廓　　　图 14-3 绘制椭圆形　　　图 14-4 制作瓶体的底部

(4) 将图层栅格化，再将椭圆 1 副本与矩形 1 合并，选择合并后的矩形 1，按 Ctrl 键单击图层缩略图，载入选区，如图 14-5 所示。

(5) 单击渐变工具，在属性栏中设置渐变颜色，渐变方式为"线性渐变"，然后在选区中从左至右拖动鼠标指针产生渐变颜色，如图 14-6 所示。

(6) 设置矩形 1 的不透明度为 50%，如图 14-7 所示。

图 14-5 载入选区　　　　图 14-6 产生渐变效果　　　　图 14-7 设置不透明度

(7) 复制椭圆 1，得到椭圆 1 的副本，再使用移动工具向上调整图形的位置，如图 14-8 所示。

(8) 使用矩形工具，在两个椭圆形的中间绘制一个矩形，如图 14-9 所示。

图 14-8 复制图形　　　　　　　　　　图 14-9 绘制矩形

(9) 将矩形 2 栅格化，并合并瓶盖部分的图层，如图 14-10 所示。

(10) 载入选区，单击工具箱中的渐变工具，对矩形 1 应用渐变效果，如图 14-11 所示。

(11) 不要取消选区，新建一个图层，生成图层 2，填充白色，将其不透明度设为 30%，如图 14-12 所示。

(12) 调整图层顺序，方便合并。

(13) 对瓶体部分的图层进行合并。

(14) 新建图层，执行"编辑"|"描边"菜单命令，弹出"描边"对话框，设置宽度为 2 像素，颜色为黑色，再调整图层 1 的透明度。

(15) 双击图层 1，弹出"图层样式"对话框，选中"内阴影"复选框，从中设置各项参数，如图 14-13 所示。

图 14-10　合并图层

图 14-11　渐变设置

图 14-12　设置填充的图层

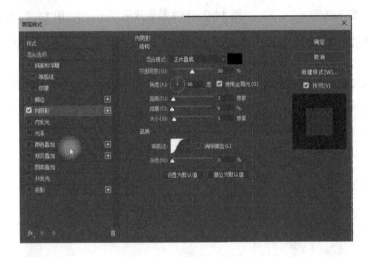

图 14-13　设置内阴影样式

(16) 选中"外发光"复选框和"内发光"复选框,同样在对话框的右侧设置参数,如图 14-14 所示。

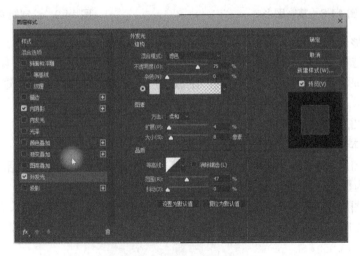

图 14-14　设置外发光及内发光

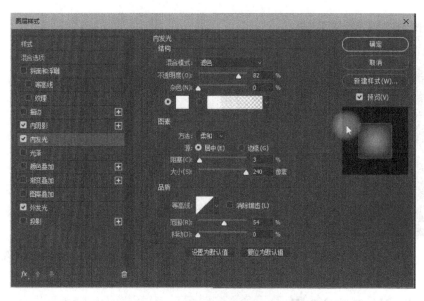

图 14-14 设置外发光及内发光(续)

(17) 合并所有图层，按 Ctrl+T 组合键进入自由变换状态，选择扭曲，拖动节点更改瓶体的形状，如图 14-15 所示。

(18) 选择椭圆工具，在瓶子上方画一个椭圆，如图 14-16 所示。

(19) 双击椭圆图层，弹出图层样式对话框，选择渐变叠加，如图 14-17 所示。

(20) 执行"图层"|"新建调整图层"|"色相/饱和度"菜单命令，弹出"色相/饱和度"面板，各项设置如图 14-18 所示。

图 14-15　自由变换　　图 14-16　绘制路径　　图 14-17　渐变叠加　　　图 14-18　设置色相/饱和度

(21) 使用直排文字工具输入文本 LAVE，在"字符"面板中设置文字的属性，使用移动工具调整字符位置，如图 14-19 所示。

(22) 使用横排文字工具输入其他字符，如图 14-20 所示。

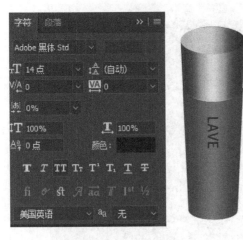

图 14-19　设置字符格式

图 14-20　输入其他字符

14.2　制作汽车海报

本节针对绘图工具的应用、选区应用、图层蒙版等制作汽车海报。汽车是一种高消费的商品，整体色调采用明快利落的冷色调，并营造汽车从云里出来的梦幻感。下面以奥迪车为例进行讲解。

14.2.1　目的和要求

(1)　通过选区工具对汽车和云彩进行抠图，然后用绘图工具对细节一一进行处理。

(2)　制作海报的云彩背景；调整汽车与云彩的层次；对图片进行光影明暗处理。

14.2.2　上机准备

本例复习的知识点包括选区的应用、绘图工具的使用、调整图片颜色等。

14.2.3　操作步骤

首先进行汽车的抠图与云彩素材的调整，然后制作重重叠叠的云彩效果为背景并统一画面光源，最后进行如汽车饱和度等细节处理，最终效果如图 14-21 所示。

图 14-21　汽车海报效果图

(1)　执行"文件"|"置入"菜单命令，置入云朵素材图片，对图片进行旋转、缩放、移动的操作，将其调整至合适即可。

(2)　导入汽车素材，调整汽车的角度，使用快速选择工具，将汽车抠选出来，并关闭汽车素材的图层可见性，如图 14-22 所示。

汽车海报的制作

图 14-22 抠取汽车

（3）对汽车的细节部分进行调整。使用橡皮擦工具，对边缘部分进行微调，使抠图更加和谐，如图 14-23 所示。

（4）将云的图层进行复制，并调整图层顺序为首层，如图 14-24 所示。

图 14-23 细节调整　　　　　　　　图 14-24 调整图层顺序

（5）调整云的透明度，使在下一个图层的车稍微显现出来，效果如图 14-25 所示。

（6）场景中的云要和汽车基本融合。使用橡皮擦工具对云进行擦除，使云盖住汽车的一部分，效果如图 14-26 所示。

图 14-25 透明的调整　　　　　　　　图 14-26 擦除部分的云

(7) 用低透明的橡皮擦擦除汽车玻璃，减淡玻璃的图层，使之呈现镜面反射的效果。

(8) 大致效果已经完成，但整体光线不统一，汽车有漂浮感，没有完全融入场景之中。

(9) 新建图层，用钢笔勾画暗部区域，填充黑色，调节不透明度，施加高斯模糊，模糊数值设置高些，如图 14-27 所示。

(10) 使用涂抹工具，将阴影涂抹开，同时将阴影涂抹到汽车的底部，如图 14-28 所示。

图 14-27　设置高斯模糊

图 14-28　暗部处理

(11) 使用套索工具，框选汽车的轮胎，并将框选的部分执行动态模糊滤镜效果，如图 14-29 所示。

(12) 框选汽车尾部，使用动态模糊滤镜，使之产生一种动态效果，如图 14-30 所示。

图 14-29　涂抹阴影

图 14-30　增加底部阴影

(13) 打开图像，可以通过"调整"选项板下的各个选项调整图像的色调，打开"色相/饱和度"对话框，采用冷色调，参数如图 14-31 所示。

(14) 导入车标素材，抠除多余像素，将图标放在明亮的位置，如图 14-32 所示。

(15) 在车标旁输入车的名称，如图 14-33 所示。

(16) 调整文字的图层样式为光泽和斜面与浮雕，使文字产生金属质感，与车标对应，最终海报效果如图 14-34 所示。

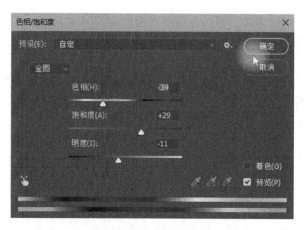

图 14-31　"色相/饱和度"对话框

图 14-32　图标

图 14-33　输入文字

图 14-34　最终海报效果

14.3　制作图标

　　本节针对修图工具的应用制作图标。如今计算机、手机等数码产品的普及率已经很高，对图标的标示作用必须重视；图标源自生活中的各种图形标识，是计算机应用图形化的重要组成部分。通过本章的学习掌握如何使用 Photoshop 制作精美的图标。

14.3.1 目的和要求

(1) 掌握工具在制作效果中的运用,如钢笔工具的熟练应用以及对图层变换的把握等。

(2) 制作火箭图标:首先建立参考线,再使用钢笔工具制作几个半椭圆,利用水平反转将半个火箭组装成完整的火箭,同时添加一点细节。

14.3.2 上机准备

本例复习的知识点包括钢笔工具、图层等。

14.3.3 操作步骤

主要使用钢笔工具绘图,利用水平翻转可以减小工作量,再制作一个圆圈,附上文字即可。成品如图 14-35 所示。

制作图标效果

(1) 执行"文件"|"新建"菜单命令,弹出"新建"对话框,设置新建文档的高度和宽度,背景内容为深灰色,如图 14-36 所示。

图 14-35　图标效果图

图 14-36　新建文档

(2) 先建立一条参考线,执行"视图"|"新建参考线"命令,弹出对话框,取向设置为垂直,将其移动到图像中心,如图 14-37 所示。

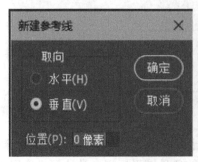

图 14-37　新建参考线

(3) 使用钢笔工具，以中心参考线为起点画一个半椭圆，双击即可画一条直线，左键按住不放即可画一条曲线，如图 14-38 所示。

(4) 右击路径，选择"填充路径"命令，如图 14-39 所示，将路径填充为白色。

(5) 右击路径，选择"删除路径"命令，将路径删除，如图 14-40 所示。

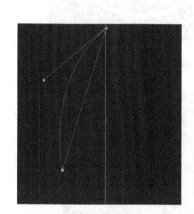
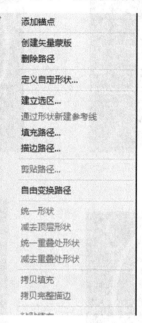
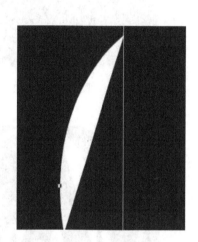

图 14-38　绘制半椭圆　　　　图 14-39　填充路径　　　　图 14-40　删除路径

(6) 重复以上操作，再画两个小的白色半椭圆，位置和大小如图 14-41 所示。

(7) 按 Ctrl+J 键复制半个图层，按 Ctrl+T 键自由变换，右击弹出对话框，选择"水平翻转"，将其移动到对称位置，如图 14-42 所示。

(8) 使用椭圆选框工具，样式为固定比例，绘制一个圆，并将其移动到中心，如图 14-43 所示。

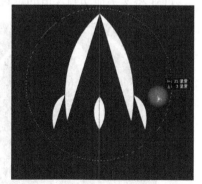

图 14-41　画小椭圆　　　　图 14-42　复制到对称位置　　　　图 14-43　绘制圆

(9) 右击并在弹出的快捷菜单中选择"描边"命令，参数如图 14-44 所示。

(10) 使用钢笔工具在圆上绘制一个弧形，如图 14-45 所示。

(11) 使用横排文字工具，单击绘制的弧形路径即可创建弧形排版的文字，如图 14-46

所示，将文字全选，调节字符的间距，使其对称，如图 14-47 所示。

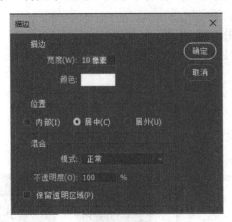

图 14-44　描边

图 14-45　绘制弧形

图 14-46　输入文字

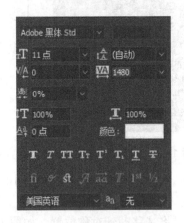

图 14-47　调整字符间距

(12) 使用矩形选框工具，框选圆的下部分，并删除框选的部分，如图 14-48 所示。

(13) 将文字拖动到合适的位置，再将参考线移除即可，如图 14-49 所示。

图 14-48　删除圆的下部分

图 14-49　调整文字

14.4 制作水裙效果

本节针对选区、图层蒙版、滤镜等多种应用制作水裙效果图片，以人物为素材，进行个性化图片制作。这个图片制作考验对 Photoshop 各功能的灵活应用，因此需要熟练掌握和理解各个操作的实际应用。

14.4.1 目的和要求

(1) 掌握图层蒙版在制作效果中的运用。

(2) 处理好人物皮肤部分和背景部分；制作水波效果；将水裙与人物进行结合，完成整张图片的制作。

14.4.2 上机准备

本例复习的知识点包括选区、图层蒙版、滤镜的应用等。

14.4.3 操作步骤

水裙制作首先是需要把裙子部分抠出来，背景要填补好裙子区域；然后用滤镜、水花素材把裙子转为水裙效果；后期需要处理好细节与明暗关系。最终效果如图 14-50 所示。

制作水裙效果

(1) 执行"文件"|"置入"菜单命令，将准备好的素材放入画布中，如图 14-51 所示。

图 14-50 水裙效果图

图 14-51 素材图片

(2) 将背景图层复制，然后用钢笔工具把裙子的部分抠出来，将其转换成为选区，添加图层蒙版，如图 14-52 所示。

(3) 再复制一层背景图层，将其调到最上层，用套索工具把人物头部及肤色部分都抠出来，添加图层蒙版，如图 14-53 所示。

(4) 隐藏抠出的裙子和人物图层，新建一个图层并将其置于背景上层，用柔边圆画笔吸取背景颜色，一点一点地把人物部分涂掉，如图 14-54 所示。

图 14-52　添加蒙版

图 14-53　为人物图层添加蒙版　　　　　图 14-54　涂掉人物图层

（5）把背景图层复制一层，并将其置于最顶层。进入"通道"面板，复制绿色通道，得到绿拷贝通道，如图 14-55 所示。

（6）执行"滤镜"|"风格化"|"查找边缘"菜单命令，效果如图 14-56 所示。

图 14-55　复制绿拷贝通道　　　　　　　图 14-56　查找边缘

(7)　执行"滤镜"|"滤镜库"|"素描"|"铬黄渐变"菜单命令，将细节设置为 7，平滑设置为 7，效果如图 14-57 所示。

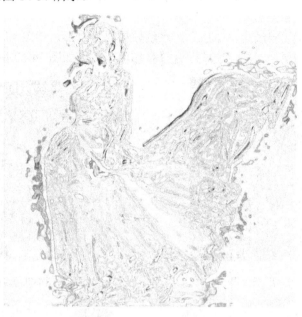

图 14-57　滤镜效果

(8)　执行"滤镜"|"滤镜库"|"扭曲"|"玻璃"菜单命令，设置情况及效果如图 14-58 所示。

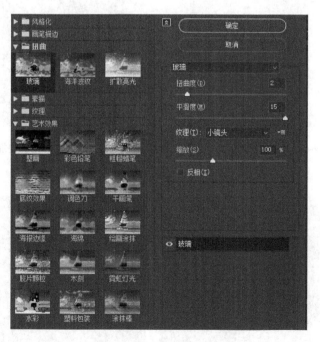

图 14-58　增加玻璃效果

(9)　按 Ctrl+I 组合键进行反相，效果如图 14-59 所示。

(10)　按 Ctrl+A 组合键进行全选，按 Ctrl+C 组合键复制绿拷贝通道，返回"图层"面板，新建一个图层并粘贴绿拷贝通道，将背景拷贝图层隐藏。

(11) 按住 Ctrl 键并单击抠出的裙子图层蒙版缩略图调出选区，如图 14-60 所示，给复制的通道图层添加图层蒙版。

(12) 把当前图层模式改为"滤色"，水纹效果已见雏形，如图 14-61 所示。

(13) 复制当前图层，将图层模式改为"叠加"，效果如图 14-62 所示。

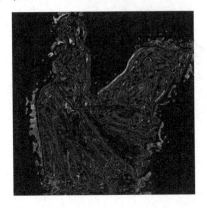

图 14-59　反相效果

图 14-60　调出选区

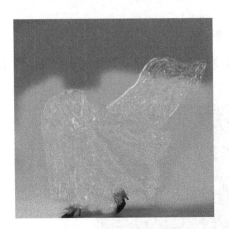

图 14-61　滤色效果

图 14-62　叠加效果

(14) 导入水花素材，抠除水花除外的部分，效果如图 14-63 所示。

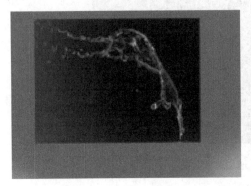

图 14-63　水花素材

(15) 将水花素材的图层混合模式改为"滤色"，水花自然融入图像当中，为了增加真实感，水花的大小与方向需要进行调整。把当前图层复制几层，分别调整好位置、大小、角度，效果如图 14-64 所示。

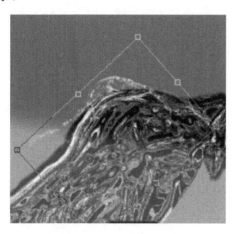

图 14-64　水花素材调整

(16) 重复以上操作，将复制的水花图层覆盖在裙子上，效果如图 14-65 所示，关闭用画笔涂抹的图层的可见性，最终效果如图 14-66 所示。

图 14-65　覆盖的效果

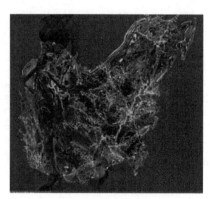

图 14-66　最终效果